超强的实用性与指导性，全面的专业性与可操作性，
让您一书在手，上岗不愁。

DIANDONG FENGRENGONG PEIXUN JIAOCHENG

电动缝纫工培训教程

一本简单、全面、实用的技能宝典

姚金芝 编著

一看就懂 一学就会
全面解读与技术指导

河北科学技术出版社

图书在版编目(CIP)数据

电动缝纫工培训教程 / 姚金芝编著. -- 石家庄 : 河北科学技术出版社, 2013.12(2024.4 重印)

ISBN 978-7-5375-6534-9

Ⅰ. ①电… Ⅱ. ①姚… Ⅲ. ①服装缝制-技术培训-教材②电动多能缝纫机-技术培训-教材 Ⅳ. ①TS941.634②TS941.561

中国版本图书馆 CIP 数据核字(2013)第 269756 号

电动缝纫工培训教程

姚金芝　编著

出版发行　河北科学技术出版社
地　　址　石家庄市友谊北大街 330 号(邮编:050061)
印　　刷　三河市南阳印刷有限公司
开　　本　910×1280　1/32
印　　张　7
字　　数　140 千
版　　次　2014 年 2 月第 1 版
　　　　　2024 年 4 月第 2 次印刷
定　　价　49.80 元

Preface 序

推进社会主义新农村建设，是统筹城乡发展、构建和谐社会的重要部署，是加强农业生产、繁荣农村经济、富裕农民的重大举措。

那么，如何推进社会主义新农村建设？科技兴农是关键。现阶段，随着市场经济的发展和党的各项惠农政策的实施，广大农民的科技意识进一步增强，农民学科技、用科技的积极性空前高涨，科技致富已经成为我国农村发展的一种必然趋势。

当前科技发展日新月异，各项技术发展均取得了一定成绩，但因为技术复杂，又缺少管理人才和资金的投入等因素，致使许多农民朋友未能很好地掌握利用各种资源和技术，针对这种现状，多名专家精心编写了这套系列图书，为农民朋友们提供科学、先进、全面、实用、简易的致富新技术，让他们一看就懂，一学就会。

本系列图书内容丰富、技术先进，着重介绍了种植、养殖、职业技能中的主要管理环节、关键性技术和经验方法。本系列图书贴近农业生产、贴近农村生活、贴近农民需要，全面、系统、分类阐述农业先进实用技术，是广大农民朋友脱贫致富的好帮手！

中国农业大学教授、农业规划科学研究所所长
设施农业研究中心主任 张天柱

2013年11月

Foreword 前言

农业是国民经济的基础，是国家稳定的基石。党中央和国务院一贯重视农业的发展，把农业放在经济工作的首位。而发展农业生产，繁荣农村经济，必须依靠科技进步。为此，我们编写了这套系列图书，帮助农民发家致富，为科技兴农再做贡献。

本系列图书涵盖了种植业、养殖业、加工和服务业，门类齐全，技术方法先进，专业知识权威，既有种植、养殖新技术，又有致富新门路、职业技能训练等方方面面，科学性与实用性相结合，可操作性强，图文并茂，让农民朋友们轻轻松松地奔向致富路；同时培养造就有文化、懂技术、会经营的新型农民，增加农民收入，提升农民综合素质，推进社会主义新农村建设。

本系列图书的出版得到了中国农业产业经济发展协会高级顾问祁荣祥将军，中国农业大学教授、农业规划科学研究所所长、设施农业研究中心主任张天柱，中国农业大学动物科技学院教授、国家资深畜牧专家曹兵海，农业部课题专家组首席专家、内蒙古农业大学科技产业处处长张海明，山东农业大学林学院院长牟志美，中国农业大学副教授、团中央青农部农业专家张浩等有关领导、专家的热忱帮助，在此谨表谢意！

在本系列图书编写过程中，我们参考和引用了一些专家的文献资料，由于种种原因，未能与原作者取得联系，在此谨致深深的歉意。敬请原作者见到本书后及时与我们联系（联系邮箱：tengfeiwenhua@ sina. com），以便我们按国家有关规定支付稿酬并赠送样书。

由于我们水平所限，书中难免有不妥或错误之处，敬请读者朋友们指正！

编　者

CONTENTS
目 录

第一章 电动缝纫工执业基础知识

第一节　务工常识 …… 2

一、求职择业常识 …… 2

二、社会常识 …… 3

三、法律常识 …… 5

四、礼貌道德 …… 8

第二节　电动缝纫岗位认识 …… 10

一、认识和了解服装企业 …… 10

二、服装企业的特点 …… 11

三、服装企业的规模 …… 11
四、服装企业的分类 …… 12
五、电动缝纫工工作现状 …… 13
六、缝纫岗位责任制 …… 13
第三节　我国服装行业发展现状分析 …… 15
一、重点领域及优先主题 …… 16
二、前沿研究 …… 23
三、基础研究 …… 24
四、人才培养 …… 25
第四节　缝纫工发展前景 …… 26
一、缝纫工职业供求现状 …… 27
二、缝纫工短缺的原因 …… 27
三、解决“缝纫工荒”的建议 …… 29

第二章　缝纫基础知识

第一节　常见的服装材料 …… 32
一、服装材料的概念 …… 32
二、纤维原料 …… 32
三、织物材料 …… 38
第二节　服装面料的鉴别方法 …… 43
一、正反面鉴别 …… 43

二、倒顺鉴别 …… 44
三、经纬向鉴别 …… 45
第三节 服装里料 …… 46
一、里料的作用 …… 46
二、里料的选择 …… 47
三、里料的分类 …… 47
第四节 服装工业的名称术语 …… 48
一、服装成品部件名称术语 …… 48
二、缝纫工艺名称术语 …… 50
三、机缝名称术语 …… 55

第三章 手缝工艺

第一节 手缝工具 …… 66
一、手缝针 …… 67
二、顶针 …… 68
三、剪刀 …… 68
四、尺子 …… 69
五、针插 …… 69
六、画粉 …… 70
七、锥子 …… 70
八、镊子 …… 71

九、熨斗和熨台 …………………………………………………… 71
第二节 手缝针法 …………………………………………………… 71
一、平缝…………………………………………………………… 72
二、打线钉 ………………………………………………………… 72
三、绷针…………………………………………………………… 73
四、三角针 ………………………………………………………… 75
五、钩针…………………………………………………………… 76
六、锁针…………………………………………………………… 77
七、拉线襻 ………………………………………………………… 78
八、钉扣针法 ……………………………………………………… 79

第四章 机缝工艺

第一节 机缝工艺基础 ……………………………………………… 82
一、机缝基本工具 ………………………………………………… 82
二、机缝基本概念 ………………………………………………… 89
第二节 传统机缝工艺 ……………………………………………… 90
一、滚 ……………………………………………………………… 90
二、嵌 ……………………………………………………………… 91
三、镶 ……………………………………………………………… 92
四、荡 ……………………………………………………………… 92
第三节 工业平缝机 ………………………………………………… 93

一、平缝机功能特点…………………………………………………… 93
二、平缝机结构 ………………………………………………………… 94
三、故障维修 …………………………………………………………… 98
第四节 包缝机 …………………………………………………………… 104
一、包缝机特点…………………………………………………………… 104
二、包缝机用途…………………………………………………………… 104
三、包缝机类型…………………………………………………………… 105
四、包缝机结构…………………………………………………………… 110
五、故障维修 …………………………………………………………… 114
第五节 绷缝机 …………………………………………………………… 120
一、概念 ………………………………………………………………… 120
二、绷缝机的结构及用途 ……………………………………………… 121
三、绷缝机线迹…………………………………………………………… 124
四、调试技巧 …………………………………………………………… 126
第六节 锁眼机 …………………………………………………………… 130
一、类型 ………………………………………………………………… 131
二、结构 ………………………………………………………………… 131
三、发展现状 …………………………………………………………… 132
四、断线问题的解决 …………………………………………………… 134
五、维修与调整…………………………………………………………… 136
第七节 工业缝纫设备保养 ……………………………………………… 144

第五章 机缝技术

第一节 机缝练习 …… 152

一、空机练习 …… 152

二、缉纸练习 …… 153

第二节 机缝方法 …… 154

一、平缝 …… 154

二、搭缝 …… 155

三、包缝 …… 155

四、来去缝 …… 156

五、滚包边 …… 156

六、压倒缝 …… 157

第六章 局部缝制方法

第一节 口袋缝制方法 …… 160

一、平贴袋 …… 160

二、里袋 …… 162

三、斜插袋 …… 165

四、单嵌线口袋 …… 168

五、手巾袋 …… 169

第二节 领子缝制工艺 …… 169

一、立领 …… 170
二、西装领 …… 170
三、衬衫领 …… 172
四、无领 …… 173
第三节 袖子工艺 …… 176
一、一片圆袖 …… 176
二、两片袖 …… 179

第七章 熨烫工艺

第一节 熨烫基础知识 …… 184
一、熨烫原理 …… 184
二、熨烫作用 …… 185
三、熨烫影响因素 …… 187
四、服装熨烫的物理过程 …… 189
五、熨烫工艺的发展 …… 190
六、服装熨烫分类 …… 192
七、熨烫基础工具 …… 193
八、熨烫专业设备 …… 196
九、熨烫的基本要领 …… 200
第二节 基本熨烫技法 …… 201
一、衣料熨烫方法 …… 201

二、黏合衬熨烫工艺 …………………………………………………… 203
第三节 熨烫技巧和补救措施 ………………………………………… 205
一、熨烫技巧 ……………………………………………………………… 205
二、熨烫补救措施 ………………………………………………………… 211

第一章

电动缝纫工执业基础知识

第一节 务工常识

在进行职业技能培训之前，希望所有打算进城务工的农民朋友都能做好心理和技能、礼节等方面的准备。

一、求职择业常识

1. 证件准备　外出务工的农民朋友要记住随身携带身份证、毕业证等文件，同时，最好携带几张近期拍的 1 寸和 2 寸的证件照，以备办理各种证件时使用。在务工地，要随时携带自己的有效身份证件，防止丢失。身份证件是自己身份的证明，在一定的场合，携带这些证件是十分必要的。

2. 思想准备　在进城务工之前，希望大家也可以做好心理上的准备，以良好的心态面对工作中和生活上的困难。

①权衡打工的利弊。

②考虑自己进城务工各方面的条件。

③对近阶段的生活和工作做个计划。

3. 技能准备　劳动者应聘工作岗位，都需要具有一定职业技能，这就需要有可以证明自己职业水平的证书。这是劳动者求职成功的保证，是劳动者的资格证明，也是获得相应岗位待遇的基础条件。这类证件要妥善保管。职业技能证书的获得需要经过一定时期的岗位培训，只有培训合格的人才会获得相应的职位证书。职位培训一般包括以下几方面的内容：

①基本技能和技术操作规程培训。

②政策、法律法规培训。

③安全常识和公民道德规范培训。

④了解城市用工情况。

⑤了解就业信息。

二、社会常识

1. 交通规则　作为城市的一员，要和所有人一样严格遵守城市的交通规则，同时，这也是自己的个人安全的基础保证。

2. 交通工具有关规定　遵守各类交通工具上关于危险物品的各种规定，不做危害社会和他人的行为。一般的危险品包括鞭炮、有毒的化学物质、火药、管制刀具等。

3. 常用求助电话号码　记住常用的救助号码，在遇到危险的时候才可以更好地保证自己的生命和财产安全。

114——电话查号台，用于查询各类常用号码。

110——报警电话，主要用作自己或他人遭遇各种犯罪行为侵害时的求助电话。

119——火警电话，主要用作发生火灾时的求助电话。

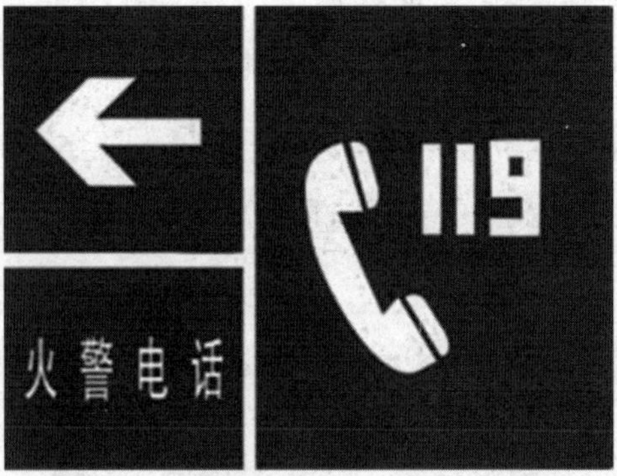

120——急救电话，用作疾病紧急发作、可能危及生命时的求助电话。

115——国际人工长途挂号。

4. 防止劳务诈骗　劳务诈骗是求职过程中经常会遇到的一种诈骗行为，其主要特点就是利用求职者的焦急心理，骗取求职者

的钱财。在求职的时候，一定要警惕这种犯罪行为，不要向职业介绍机构缴纳任何押金。

5. *劳动安全与劳动卫生*　劳动安全是指工人在生产劳动的过程中，防止爆炸、火灾、中毒等各种自然的和人为的灾害对劳动者生命和财产的损害，防止或减少事故的发生。

劳动卫生指劳动者合理地进行劳动时的个人防护，积极预防和消除各种职业病，保护自身的健康。主要内容包括：

①在生产流程中防止尘埃、消除噪声。

②注意做好各项卫生措施。

③各种主要职业病的检查和防治。

④制定有利于劳动卫生的规章制度，实行既有利于生产又有利于职工身体健康的符合法律规定的劳动工作时间。

⑤保护女工劳动安全，保护女工的权益。

三、法律常识

1. *法律规定*　我国法律规定的劳动者的权利和义务根据《中华人民共和国劳动法》第三条，劳动者享有 8 项权利：

①平等就业和选择职业的权利。

②取得劳动报酬的权利。

③执行劳动安全卫星规程。

④获得劳动安全卫生保护的权利。

⑤接受职业技能培训的权利。

⑥享受社会保险和福利的权利。

⑦提请劳动争议处理的权利。

⑧法律规定的其他劳动权利，如依法参加和组织工会的权利、参加民主管理的权利、依法解除劳动合同的权利。

劳动者在获得权益的同时也要履行一些义务，劳动者应履行5项义务：

①按时完成劳动任务。

②提高职业技能。

③执行劳动安全卫生规程。

④遵守劳动纪律。

⑤讲究职业道德。

劳动者通过以下途径维护权利：第一是在不违背法律的前提

下劳资双方协商解决；第二是请工会和劳动主管部门出面协调解决；第三是申请劳动仲裁；第四是提起法律诉讼。

2. 了解用人单位的合法性　所谓合法单位，就是在工商局注册过，具有独立法人资格的工厂、医院、公司、个体企业等各种所有制企业，或者是受法律保护的具有自有财产、独立组织机构，能够以自己名义进行民事活动，享受权利、承担义务的组织，比如各级、各类政府、学校。

3. 劳动合同　劳动合同是在用人单位和劳动者依法确立劳动关系的基础上，明确双方权利、责任、义务的协议，具有法律约束力。劳动合同一旦成立，务工者就必须承担工作，遵守用人单位的劳动纪律和各种规章制度，老板则必须提供相应的劳动条件和报酬。

签订劳动合同的具体要求和步骤是：

①双方当事人必须具备合法资格。

②劳动合同内容合法。

③签订劳动合同的形式和程序必须合法。

4. 工资　《中华人民共和国劳动法》第五十条规定，工资应当以货币形式按月支付给劳动者本人。不得克扣或者无故拖欠劳动者的工资。

5. 试用期　试用期是指用人单位和劳动者为相互了解、选择而约定的不超过 6 个月的考察期。劳动者与用人单位形成或建立劳动关系后，试用、见习期间，在法定工作时间内提供了正常劳动，其所在的用人单位应当支付其不低于最低工资标准的工资。

根据《中华人民共和国劳动法》第二十三条的规定，在下述

2 种情况下劳动合同可以终止：

①劳动合同期满。

②当事人约定的劳动合同终止条件出现。有的老板为了节省工资费用，采取试用期满就辞退的办法，这是违背《中华人民共和国劳动法》的规定的。

6. 法律援助　法律援助主要采取以下形式：

①刑事辩护和刑事代理。

②民事、行政诉讼代理。

③非诉讼法律事务代理。

④公证证明。

四、礼貌道德

(一) 文明礼貌常识

文明是社会进步的标志，每一个外出就业的人都要具有一定的文明礼貌常识，懂得待人接物的基本道理。

（1）做客　时间要选择在主人方便的时候。

（2）握手　握手一定要用右手。

（3）交谈　交谈时不用口头禅，注意谈吐文明，措词文雅。

（二）仪容卫生常识

在个人的装饰和容貌方面，要做到朴素、大方，穿衣服自然得体，避免珠光宝气、浓妆艳抹，给别人留下不好的印象。要注意面部清洁，女士可适当化妆，以淡妆为宜，浓妆容易给人娇艳、轻佻、华而不实的感觉。

个人卫生方面要做到勤洗澡，勤换衣服，勤漱口。身上不能有异味。

（三）职业道德

1. 社会公德　社会公德主要包括：

①文明礼貌。

②助人为乐。

③爱护公物。

④保护环境。

2. 职业道德　职业道德的基本规范主要包括：

①爱岗敬业。

②诚实守信。

③办事公道。

④服务意识强。

3. 敬业精神

①敬业精神的首要表现是做好工作中的每件小事，自觉培养自己良好的工作习惯。

②提高自己的职业素养，增强职业的自豪感，深化自己的职

业角色，明确自己的职业定位，做有素养的职业人。

③通过具体复杂的工作，明确自己的职业情感，做到学、做结合，知、行统一。

④经常反省自己的工作，学习自己周围的榜样。

⑤把职业道德的修养和知识贯彻到自己的工作中，用以指导自己的日常工作。

4. 从业原则　在自己的工作岗位工作的时候，一定要处理好和同事之间的关系，善于合作，善于学习，善于相处。

第二节　电动缝纫岗位认识

一、认识和了解服装企业

服装企业是从事服装成衣的批量生产与贸易、具有法人资格、实行独立核算的经济单位。它拥有一定的生产规模、一定的生产能力和一定的资金，拥有经营人员、技术人员和缝制操作工人等各类人员，并且有服装生产、经营决策、销售资金投入与支配、员工的聘用与管理、员工的待遇分配等多项权限，同时也担负经营风险、经营责任及遵规守约、履行义务等法律责任。

二、服装企业的特点

（1）劳动密集型企业　服装生产加工的总生产成本中，直接人工成本占了很高的比例，因此，服装企业中，缝纫操作工人在所有员工中所占的比例是相当大的。

（2）半手工生产企业　服装生产一般采用的都是流水线的加工形式，整件服装的加工完成一般都需要各个工序工人的密切配合。操作工人主要是按照服装缝制的具体要求，把不同衣服部件缝合起来。操作工人的技艺水平直接影响到服装的整体水平，所以每一道工序的完成都要认真细致。

三、服装企业的规模

（1）小型企业　小型企业一般规模很小，甚至有的是以家庭或者私人为单位，生产能力也较为低下。

（2）中型企业　职工人数为100～200人，可以进行批量生产。

（3）大型企业　大型服装企业是指工人多于500人的企业，这种企业一般都具有较多的机构和组织层次，可以进行服装的批量化生产，组织层次多。不论企业的规模大或小，都必须有一个组织系统。

四、服装企业的分类

电动缝纫工所在企业按照生产的原料织造方式可分为2种：

（1）梭织类服装企业　梭织类服装企业的类型是多样化的，各个企业一般根据各自不同的条件、设备等承接不同类型服装的加工和定制工作，包括夹克、运动装、睡衣、男女衬衫、牛仔服等。一般使用的设备多为平缝机、包缝机以及各种专用缝纫设备，生产的流水线分工复杂，每个工种一般只负责某一个环节的工作。服装生产过程中对技术工人的专业操作和加工要求较高。

（2）针织类服装企业　针织类服装品种类型相对较少，各个企业一般根据各自的订单来源、专业销售方向等生产加工不同种类的服装，主要包括背心、男女内裤、汗衫、睡衣、睡袍、婴幼儿装、运动装、休闲时装等。使用的专业设备包括三线和四线包缝机和砍车等，配合使用各种专用的缝制机械。这种企业加工的工艺要求一般相对简单，但是对操作工人的熟练程度等具有较高的要求。

五、电动缝纫工工作现状

目前服装企业中缝制加工方式大致分为整件制作、粗分工序加工和细分工序加工。

（1）整件加工制作　整件加工制作是指由具备很高的专业技能的工人，负责整件服装的全部缝制加工工作。这种加工方式一般费时很多，不适合大规模地生产，只适合加工少量或者具有个性化特征的服装。

（2）粗分工序加工　粗分工序加工指把整个服装的加工过程分为几个工序，然后按照工序的先后顺序，每个工人负责其中一个工序的加工工作，然后将这些服装的裁片组合成成品。这种加工方式适合生产有一定的生产量但是款式变化十分繁复的服装。

（3）细分工序加工　类似于粗分工序加工，只是缝纫过程被进一步分解为更小的工序，每个作业员需完成更为单一的作业。

六、缝纫岗位责任制

服装缝制一般是多工序的流水作业，半成品的质量是整个产品质量的核心和保障，完成各自的工序指标是每个工人都必须严格遵守的。

①在产品投产前必须熟悉规格要求。上技术课时对质量标准、工艺操作要仔细听、用心记，要熟悉本工序各项要求，也要熟悉上下工序的要求，不懂要问，在没有弄懂各项要求前不准投

产。锁钉组第一件产品必须交技管人员鉴定后，才可批量投产，未经鉴定的不准投产。

②严格生产工艺和要求，按照规定的生产规格和操作要求完成特定的操作环节。由于自己的错误操作导致的差错事故，自己要依法承担责任。

③坚持质量检验标准，严格按标准要求生产，对本工序的质量按严格的要求进行自查鉴定，对下道工序负责，对上道工序的质量应严格把关，如果本工序对上道工序遗留的问题没有把关而发生质量事故，由本工序依法承担责任。

④对于回修的产品要立即修补，不要拖拉，否则予以警告及适当处罚。如果拒绝回修，则按情节的严重情况进行相应处理。

⑤严格按包生产、按顺序号生产，严格保证数字准确。大包连续生产的工艺以小包为单位分包结扎，尤其是主要工序，应严格结扎，防止因散脱而发生事故。下一道工序对上一道工序负责。

⑥严格换片制度，换片必须由指定的专业人员调换，并且做好具体的纪录工作。记录表的具体事项包括组别、性别、类别、原因、布别、色号、换片工件等，换片原因应详细记载以便落实责任，如果因为个人的失误造成损失，按照公司相关的处理规定进行处理，追究职工管理人员的责任。

⑦对小指标要详细记载，对品种工序名称、包号、数量，要填写准确，清楚易懂，便于核查。对于漏记包号数量的员工，除不计产量外还要扣发奖金，并依法要求其承担包号不清的衣件所产生的质量管理事件的责任。

⑧认真努力完成任务，不偷工减料，树立服从整体、无私奉献的精神，不挑拣工序，服从工作的要求和需要，对于不服从整体调度，或者有怠工行为的，要给予一定的处罚。

第三节 我国服装行业发展现状分析

我国的服装行业在新的经济形势下不断地发展，取得了很好的成绩，为全国经济的发展起到了一定的推动作用。但是应该看到的是，在全球经济一体化和竞争日益加剧的情况下，我国服装行业的长远发展也面临着严峻的挑战。如何从一个服装生产的大国变成一个服装生产的强国，如何实现我国服装行业的转型和发展，是我们当前需要考虑的问题。按照《国家中长期科学和技术发展规划纲要（2006—2020 年）》关于科技工作“自主创新，重点跨越，支撑发展，引领未来”的指导方针，我们应把增强自主创新能力作为科学技术发展的战略基点和调整产业结构、转变增长方式的中心环节，大力提高服装行业的原始创新能力、集成创新能力和引进消化吸收再创新能力。服装科技包括了服装技术和服装艺术两个主要方面，这两个方面具有内在的联系，而且是相辅相成的，缺少了其中一个，另一个的发展就会受到影响。在目前的社会形势下，根据我国服装行业的发展现实，我们应分别以重点领域及优先主题、前沿研究、基础研究和人才培养四个部分作为服装行业科技发展指南，通过改进和提高这些方面的水平和能力，进而全面地提高服装行业的产品质量、生产工艺水平、管理专业技术、科技进步速度以及信息化和专业化的发展速度。通过行业的科技进步和先进带头企业，推进整个服装加工产业的优化和迅速发展。

一、重点领域及优先主题

重点领域，是指在服装行业发展过程中亟待科技提供支撑的领域。优先主题，是指在重点领域中急需发展、任务明确、能够较快突破的技术和项目。我们应加强针对重点领域及优先主题的研究、推广应用，为解决服装行业发展中的紧迫问题提供全面有力的支撑。

1. 品牌　品牌作为企业的无形资产，可以为企业带来丰厚的收入。品牌涵盖了企业生产的各个方面的能力，包括企业的市场定位、创新能力、企业管理、营销服务等多方面的综合特征。创建具有一定知名度的服装品牌，是我国企业由国内走向国外，由注重加工到转型为创造型企业的重要发展途径。品牌的提升同时也是企业发展阶段的提升，是服装发展的低级阶段向高级阶段的转换。

2. 服装高层研究

(1) 国内外服装流行趋势预测研究　通过对服装行业特定时期和阶段主要流行趋势的研究，我们可以掌握服装行业发展的主要脉络，并且可以根据持续不断的总结和研究，进行服装流行因素的预测和积极推断，总是走在世界潮流的最前方，为企业赢得很好的销量和经济效益。

（2）自主服装品牌设计开发和营销推广研究　我国服装产品的生产加工能力和水平处于世界领先地位，但在设计开发和营销推广方面，我们与世界服装强国还有较大差距，因此自主品牌的创建与发展是我国创新的重点和难点。

（3）开展服装品牌的体系整合研究　通过对国内外各种服装品牌的研究以及对相同类型服装体系的分析和整合，可以提高对经典时尚文化的理解和把握，通过时尚文化的组合和再创造来构建企业特有的企业文化和产业内涵，为企业的长远发展提出可行的发展方向。

（4）服装创意文化市场拓展研究　服装设计是文化创意产业中的一个类别。中国拥有几千年的文化储备，文化资源相当丰富，北京、上海等地均在兴建创意产业园区，加强服装创意文化的市场拓展研究，在创造财富与就业机会的同时，促进行业的整体提升。

（5）在线检测及成衣质量控制体系研究　做好本企业的产品质量和工艺检测工作，努力创造符合社会和消费者需求的服装类型和质量工艺，在供销和谐的前提下加速企业的生产和发展。

（6）柔性生产系统（FMS）　在缝制机械未实现自动缝制前，吊挂传输柔性生产系统是服装企业实现信息化唯一的绿色通道。要立足引进消化吸收再创新，研制我国的FMS生产系统。要突破吊挂传输的电脑控制技术，进行吊挂传输主轨道、工位轨道的改进创新，实现自主工位轨道自循环设计。

(7) 气相免烫设备研究　免烫整理是服装加工必然选择的一项技术和工艺，市场前景被人看好。其主要研究任务有：

①VP 处理剂研制。

②VP 工艺设备技术研制。

③连续式 HP 工艺与设备研制。

(8) 服装 CAD 的电子数据标准格式及服装 CAD 市场准入许可制度　作为服装企业大国，我国可以借鉴其他国家服装发展的各项制度和准入规则来完善我国的服装规范体系，保证服装行业健康、有序地发展。以美国服装行业电子数据交换标准 AAMA 为基本框架，制定中国服装 CAD 的标准电子数据交换格式以及建立服装 CAD 市场准入许可制度，是我国服装行业发展和规章制度完善的必要阶段，是服装产业专业化的必然趋势和要求。

(9) 服装信息技术的集成开发及应用　通过对我国自主的服装信息产品的集成开发，孵化出适合我国各层次服装企业现状的信息化软件系统，突破具有数据交换和实时动态的接口技术，进行有效集成，形成配套的企业管理系列软件产品，在全行业推广具有快速反应功能的集成制造系统。同时，应将企业信息化建设与先进的管理理念紧密结合，通过信息技术的应用，来完善组织结构，优化业务流程，建立现代化的企业管理模式。

(10) 数字化人体测量设备研究　数字化人体测量设备作为一种新的服装生产技术，可以推进服装产业的科技化水平，提高服装行业的专业化发展速度，使服装行业的劳动生产效率在原有的基础上获得更大的进步。我国引进这项生产技术，借助数字化手段，形成数据的采集、数据的统计分析、数据的专项应用的体系。然后在这个基础上进行消化吸收和再利用，推动我国国产配套设备的自主发展和更深层次的应用。

(11) 建立国家服装用人体数据库　部分科研单位、高等院校和企业已经应用三维人体数据扫描仪开展了人体测量、数据分析及相关研究，但数据采集不够广泛，没有形成权威性。国家服装用人体数据库的建立应遵循“以企业为主体、产学研相结合”的原则，数据库应由若干区域性子库组成，需要国家相关单位、行业组织进行协调统筹，以实现数据的有效对接。

(12) 服装号型标准的修订　我国从20世纪70年代末开始制定服装号型标准和规格标准，在服装行业多年发展过程中，服装行业的号型适应社会发展的实际需要，也经过了两次修订，修订后的号型标准在指导我国服装生产和专业技术的发展方面起到了巨大的作用。但是，随着社会的不断发展，我国的号型标准已经显示出了其和现实生产不适应的方面，现有的男、女装号型和儿童号型都处于需要再次修订的局面。此外，还要关注我国青少年和中老年服装号型的变化情况。

(13) 面料研究　加强研究满足服装产品需求的面料，特别是高档面料。加强新面料、新纤维在服装产品中的应用及技术研究。要强调面料的流行色研究、面料流行风格的研究、面料舒适性与功能性及生态环保方面的研究，以及面料适应现代加工的后整理技术研究等。加快相关标准建设，推进绿色环保服装、功能性服装的研究开发。

(14) 服装产业互动机制　在服装企业的生产过程中，要建立起服装生产的上游和中下游企业间的相互联系和协调机制。做好相互之间的联动和优势互补，共同打造出优质的服装名牌产业，共同参与服装产品的终端推广活动，引导社会消费，推进自主原创品牌建设。

(15) 搭建中国服装产业科技文化研发平台　中国服装产业正在进行着新一轮的产业升级，全行业正在推行新型工业化战略和品牌发展战略，组织、协调各个领域的力量，搭建中国服装产业科技文化研发平台，开展流行趋势、服装设计、服饰文化、服装营销推广、服装企业管理、服装品牌策略等方面的理论研究和应用研究，着力提高科学技术、自主原创品牌对行业持续增长的贡献率。

(16) 构建中国服装企业科技评估平台　组织一个由具有专业化知识和丰富的社会实践能力人员组成的服装企业专业化评估团队，构建我国的服装行业评估体系，通过专业的服装技术和评估标准，对我国服装行业和个体产业进行科学的评定，促进企业技术转型和科学创新能力的发展。

(17) 搭建服装行业标准化体系服务平台　搭建国内服装行业标准化体系服务平台，确定产学研联合研制技术标准，促使标准与科研、开发、设计、制造相结合。支持企业参与制定国家、国际技术标准，加快国外先进标准向国内标准的转化，鼓励和推动我国技术标准成为国际标准。

(18) 创办服装科技学术刊物　服装行业的高速发展，离不开行业内部的不断探讨和交流，创办具有一定专业水平的服装行业专业技术刊物，为行业内人士提供相互学习和借鉴的平台。专业思想的交流和融会贯通有利于开拓企业发展思路，提升我国服装行业的整体水平。

(19) 中小型服装企业公共服务平台　基于互联网技术，研究面向产业集聚地及中小企业的公共服务平台的服务内容，确定服务平台的服务模式、具体设置与配置，最终建成网络及网下服务中心。

(20) 服装标准化与质量体系研究　进一步健全服装标准化与质量体系，加强基础管理建设，针对行业产品的质量管理，检验部门应尽可能地统一规范工作标准，包括对各国各类标准在执行或理解上的统一。开展针对检测业务的专题研究，提倡检验机构之间进行学术研讨与交流，为标准的修订积累素材。强调对培训资质的确认，防止检测技术培训的泛滥化，避免给企业以误导，为服装行业的健康持续发展保驾护航。

(21) 服装科技高层论坛　依托专家委员会，举办服装科技高层论坛，最终把论坛办成具有研究、交流、普及、服务等功能的组织。

3. 质量　质量是企业的第一竞争力，企业生产服装产品的质量，直接决定着企业的前途。一个没有优质产品作为保障的企业是不会有长远的发展的。在目前激烈的社会竞争下，如何确保企业的产品质量，靠质量赢得消费者的信赖，是每一个企业都需要认真考虑的问题。

4. 自动化、信息化　快速反应能力是高新技术武装现代生产组织和现代跨国生产方式的必然结果，也是生产适应现代生活方式的客观要求。快速反应能力的核心因素是信息化。

5. 标准　标准的确立是产业技术进步的重要标志。

6. 产业链　企业生产包括了一系列的生产环节，增强各个环节之间的配合，才可以更好地促进企业的不断发展，21 世纪的竞争将是供应链之间的竞争，加强产业供应链管理已成为世界性企业进一步提高竞争力的战略选择。

7. 产业研究　随着国际经济一体化进程的不断深入，服装行业面临的国际国内市场环境、产业政策复杂多变。产业研究工作需要动态跟进、长抓不懈。

8. 服装科技创新基地与平台建设　根据中国服装行业发展的战略需求，依托具有较强研究开发和技术辐射能力的科研机构或大企业，集成高等学校、科研院所等相关力量，建设一批服装科技创新基地和平台，建立开放共享的机制和制度，全面加强对自主创新的支撑，促进技术进步和增强自主创新能力，发挥起带动服装行业结构调整和经济增长方式转变的引擎作用。

9. 公共服务　对我国服装行业进行研究后可以发现，我国服装产业的发展具有一定的“集群化”现象，而且我国服装企业中大的企业数量不多，中小型企业占据了相当大的比重。如何更好地为中小型企业的发展提供帮助和支持，关系到我国服装行业的整体发展水平。整合社会资源，加大公共服务的力度，提高公共服务的质量，解决服装产业集聚地及中小型服装企业的共性技术难题，推动整个行业的升级。

二、前沿研究

前沿技术是服装行业发展的最新科技，一般代表着服装行业发展的方向和最新成就，对于服装行业的发展具有前瞻性的引导作用。前沿研究的发展和进步一般会推动服装产业的优化和升级。

1. 服装虚拟现实设计（VRD） 服装虚拟现实设计主要研究内容有：

①虚拟现实环境的技术。

②数字化操作手套、数字化服装、数字化头盔显示器等设备。

③研制虚拟现实设计软件。

2. 大规模定制生产的实现研究 大规模定制生产的实现是保证企业健康高速发展的前提和保证，它为企业生产提供源头支持。此项研究的完成需要找好企业主体，以规模型企业为点进行列项研究，研究的主要任务是：

①主体企业实现全面信息化技术。

②按产品加工工艺进行信息技术模块化设计与组合。

③完成虚拟制造与定制系统设计。

3. 电子商务　电子商务的发展改变了原有的企业贸易方式，具有使贸易流程简化、能超越时空限制、成本低和利润大等特点，成为21世纪各国经济新的增长点。电子商务的不断发展，不仅有利于推动贸易的多元化和快速发展，而且为企业和个人带来了新的实惠。为了促进社会经济的科技化和信息化水平，世界各国都在大力推动电子商务技术的发展，为社会经济进步创造更好的条件。

三、基础研究

基础研究是推进服装行业发展的基础，是服装行业健康发展的有利保障。

1. 服装基础科技体系建设　以人体数据采集技术和国家服装用人体数据库为基础，加强号型系列、原型系列、板型系列、标准人台系列等国家服装基础科技体系建设。

2. 服装舒适性基础研究　服装舒适性研究主要是致力于生产出更加符合人体的生理特点，可以为消费者提供具有更高的舒适度的服装的研究。这种研究一般是依靠服装院校基础研究中心的现有资源，结合我国服装市场的发展情况以及特定企业的生产发展需要，确定研究的服装的具体体系和方向。一般舒适度的研究更加侧重内衣和功能性服装方面，结合企业的需求，对我国服装业的主要市场的人体体型进行数据收集和分类研究，并结合企业生产的实际来确定服装产业发展的方向和要求。

3. 加强国际标准、国外先进标准与国内标准比对研究　随着社会经济的不断发展，我国的服装生产不再是孤立地面向国内市场，而是要转向国外发展。在出口外销的过程中，就要处理好与国际接轨的问题。把国内的服装生产标准和国外的进行对比，了解发达国家的服装产品型号、系列，对于推进我国的服装生产具有重要的意义。

四、人才培养

人才是社会发展的重要推动力，随着创新科技的发展和对人的价值的不断认识，加大对人才的培养和利用已经成为社会的基础共识。服装企业发展需要高等服装专业教育提供的大量专业技术、管理及贸易人才。他们是服装企业摆脱老旧的发展模式，转变为国际知名度和社会竞争力较高的企业的重要推动力。我国服装企业的不断发展，对我国服装企业人才的层次、结构以及人才的创新能力和综合素质都提出了更高的发展要求。加强人才培养模式的研究，形成一批专业素质高、动手能力强的复合型服装人才队伍，对于推进我国服装行业的整体发展具有重要的作用。

1. 建立开放式立体教育模式　为了使服装专业的培养模式更加适合服装行业生产的要求，就要对服装专业教育的形式和内容进行系统的改革和调整。在教学的过程中，要十分注意操作性和实践性，使学生能直接动手。在专业设置上，要针对性地适应不同企业、不同岗位的需求，积极探索服装与新材料技术、服装与艺术设计、创意服饰文化产业、服装与信息技术、服装与生命科学、服装与现代经管的有机结合，使学科的培养目标能够更加适应社会发展的具体要求，根据社会实践发展的要求来建立服装专业教育的具体模式和类型，建立多样化和具有实用性的开放教育模式。

2. 建立再教育培训体系　对于岗位上的工作人员进行内部的再培训，通过企业培训、行业培训、职业教育等方式，建立从单纯的职业工人到高级管理人才的培训，提高企业员工的整体素质和水平，确保服装行业发展中的人才保障。

第四节　缝纫工发展前景

在目前我国经济高速发展的总体背景下，我国的许多发展行业都存在用工紧张的问题。职业工人的紧缺不仅发生在传统的机械制造行业，而且也出现在各类轻工业。服装生产加工是一种对劳动力需求很大的作业方式，在具体的生产过程中需要缝纫工、裁剪工等许多专业化的人员，而具有专业素养和知识的生产工人的数量较少，所以社会对缝纫工的需求十分旺盛。其产业发展前景十分光明。

职业定义：使用缝纫设备或工具，将纺织品、皮革等主、辅料裁片缝制成半成品或成品的人员。

职业描述：缝纫工的工作性质是缝制纺织、皮毛或其他合成材料服装。他们受聘于服装、靴子、纺织产品、皮革制品或其他产品的生产公司或皮革商。

职业等级：本职业共分为 7 个等级，即二级缝纫工、三级缝纫工、四级缝纫工、五级缝纫工、六级缝纫工、七级缝纫工、八级缝纫工。

一、缝纫工职业供求现状

缝纫工行业曾经发展十分不理想，众多的专业技术人员几十个人竞争一个职业岗位，就业十分困难，但是随着社会经济的不断发展，该工种出现了巨大的人员空缺，有的企业甚至出高薪都找不到人。

二、缝纫工短缺的原因

（一）机械化程度提高，手工作业受冷淡

随着社会的进步和人们生活水平的不断提高，原来那种自给自足的生活方式早已经被机械化作业所取代。人们的衣服不再自己制作，所以也就不再需要学习缝制衣服。与二十世纪七八十年代相比，现在会操作缝纫机的人越来越少，这就在一定程度上导

致专业缝纫人员的稀缺。

（二）劳动强度大、劳动报酬低造成招工难

缝纫行业属于劳动密集型的企业，工人们大多是计件工资，只有订单足够，才可以保证工人的工资收入。但是，有的时候工厂没有订单，工人们没有生活来源；而有的时候，为了定期完成任务，工人们不得不连续加班，休息的时间无法得到保证，这也就导致工人对行业的不满，愿意从事这个行业的工人就越来越少，大量的优秀从业人员不断损失。据某区一家长期招聘缝纫工的服装公司负责人介绍：近两年来，该厂生意一直不错，订单数量每年都在递增，但是太多的订单他们不敢签，就怕不能按时完成。

（三）生产设备陈旧，对工人吸引力差

企业的生产设备过于陈旧，员工的工作环境无法得到改善等因素也是导致员工大量流失的一个重要因素。我国服装行业很早就开始发展，但是新兴企业较少，老工厂使用较老的生产设备，劳动效率低，劳动强度大，这不仅影响职工的体力消耗，而且影响工资收入水平。另外，某些高油耗的生产设备还会对职工的身体健康构成一定的威胁。

三、解决“缝纫工荒”的建议

（一）加强技能培训，提升劳动者素质

社会培训专业机构可以成为我国富余劳动力和用工企业之间的中介和桥梁，针对我国缝纫行业员工缺乏的情况，推动农村有就业愿望的年轻人参与这方面的培训，持证上岗，一方面可以解决社会的用工难题，另一方面可以为解决社会的就业问题提供帮助。

（二）更新生产设备，提高福利待遇

随着服装产业的升级换代，与之相关的生产设备产业也必须升级换代才能跟上发展的步伐。企业应当根据市场变化，更新设备，这样不但降低了缝纫工的劳动强度，而且提高了生产效率。企业通过设备更新，采用机械一体化的设备，可以使一个人操作几台机器。服装行业在不断地进步和发展，作为企业也应该适应社会经济发展的整体趋势，改进生产经营模式，更新企业的老旧生产设备，提高劳动生产率。通过对新的设备的引进，可以吸引更多的员工加入到企业的发展中来，在一定程度上缓解企业的用工需求。另外，新的设备往往会适当降低操作人员的劳动强度，为工人创造更好的经济效益。同时，公司要为员工的切身利益着想，不断提高员工的待遇和福利水平，让员工在工作时没有后顾之忧，这样也就更有利于保证企业员工的稳定性。

（三）适应市场需求，增设缝纫专业

专业的社会培训机构可以根据社会的需求设置缝纫专业，学员在经过一定时间的培训之后就可以走上专业化的职业发展道路，缓解我国缝纫工紧缺的局面。

第二章

缝纫基础知识

第一节 常见的服装材料

一、服装材料的概念

服装材料是构成服装的所有用料，既包括服装的面料，也包括服装的辅料。服装的面料是服装制作的主要材料，一般用在衣服的外层。服装辅料是指除面料以外的其他材料，包括服装的里料、填充料、垫料、纽扣、缝纫线、拉链、绳带、花边等。其中使用较多、应用十分广泛的就是纤维原料和各种织物材料。

二、纤维原料

（一）纤维原料分类

1. 天然纤维　天然纤维是指自然界中固有的纤维材料，又可以进一步分为植物纤维、动物纤维和矿物纤维。

植物纤维的主要成分是纤维素，这种纤维一般是在植物的果实、种子、茎叶等部位获得的，根据植物纤维生长的具体位置的

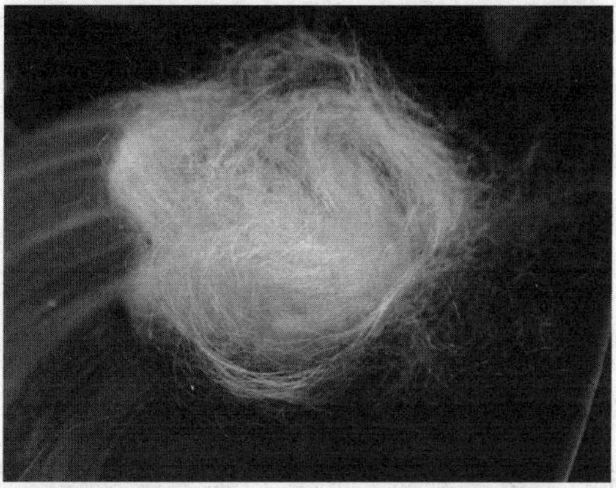

不同，又可以分为种子纤维、叶纤维和茎纤维。常见的种子纤维有棉纤维、木棉纤维等；常见的叶纤维有剑麻纤维、蕉麻纤维等；常见的茎纤维有亚麻纤维、大麻纤维、黄麻纤维等。

动物纤维的主要成分是蛋白质，所以又称为天然蛋白质纤维。动物蛋白质一般分为毛发类纤维和腺体分泌物纤维。常见的毛发类纤维有绵羊毛纤维、山羊毛纤维、兔毛纤维、骆驼毛纤维等；常见的腺体分泌物纤维有桑蚕丝纤维、柞蚕丝纤维等。

矿物纤维的主要成分是无机物，主要含有无机金属硅酸盐类物质，常见的有石棉纤维。

2. 化学纤维　化学纤维是相对于天然纤维而言的，指的是人工加工而成的纤维状物体，化学纤维又可以进一步分为人造纤维、合成纤维、无机纤维三大类。

人造纤维是用蛋白质、纤维素等天然高分子物质作为原料，经过化学加工，纺丝后处理而得到的纺织纤维。人造纤维也大致分为三种，分别是再生纤维素纤维、纤维素酯纤维和再生蛋白质纤维。常见的再生纤维素纤维有富强纤维、黏胶纤维、铜氨纤维等；常见的纤维素酯纤维有醋酯纤维等；常见的再生蛋白质纤维有花生纤维、大豆纤维等。

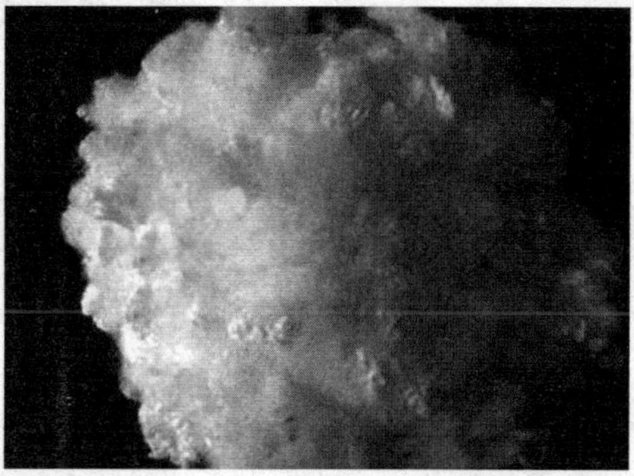

合成纤维是指用人工合成的高分子化合物作为原料，纺丝加工后制得的纤维。一般可以分为普通合成纤维和特种合成纤维两类。常见的普通合成纤维有锦纶、腈纶、丙纶、涤纶、维纶、氯纶等；常见的特种合成纤维有氨纶、芳纶、碳纤维等。

无机纤维是指用矿物原料制成的纤维，常见的有金属纤维、玻璃纤维等。

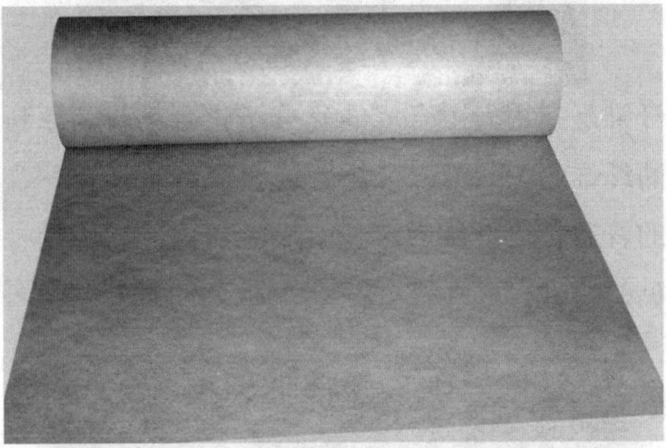

（二）纤维原料的特点

（1）具有规定的细度和长度　纤维的长度要在几十毫米以上，而细度则要求在一定的粗细范围内。

（2）具有规定的可挠性和强度　可挠性指的是纤维抗弯曲变形的能力，可挠性的高低反映纤维的柔韧性、延展性和弹性，是纤维品质中一个十分重要的性质。强度指的是纤维的耐用性，反映纤维是否结实，是否容易拉断，强度的高低一般用断裂强度来表示。

（3）具有一定的化学稳定性　纤维原料要求抗热、酸、碱、

氧化剂。

(4) 具有一定的服用性能　纤维除了需要结实之外，还应该可以满足人体的某些生理需求，如吸湿透气、隔热保暖、伸缩变形等，从而使服装具有很好的舒适度，满足穿着的要求。

三、织物材料

1. 棉织物　棉织物（图 2-1）又称棉布，是以棉纱为原料织造而成的，广泛用于装饰织物、产业用织物和服装面料等方面。随着纺织工业的发展，棉织物的优良性能逐渐被大家所认可，所以得到不断发展。

棉织物之所以受到大家的青睐，主要是因为它具有非常多的优点。

①具有良好的除湿和透气性，穿着舒适。

②光泽柔和，手感柔软，舒适。

③具有良好的保暖性，服用性能高。染色效果好，色谱齐全。

④浓碱处理后具有丝光作用。

⑤具有较好的耐光性。

图 2-1　棉织物

2. *丝织物*　丝织物（图 2-2）是以蚕丝为原料织成的。主要包括蚕丝织物、柞蚕丝织物和人造丝织物。蚕丝织物色泽细腻、手感光滑、高雅华贵。柞蚕丝织物外表粗糙，手感柔软但不滑爽，坚固耐用。人造丝的性质就更差一些。丝织物透气、舒适、耐热性好，穿着舒适，弹性好，十分适合儿童娇嫩的皮肤，适合做贴身衣物，所以应用十分广泛。

图 2-2　丝织物

丝织物还可以根据织物有无织花而分为素织物和花织物。素织物是表面平整素洁的织物，常见的有斜纹绸、电力纺等。花织物是指表面有花纹的织物，常见的有涤纶绸等小花纹织物和花软缎等大花纹织物。丝织物也可分为熟织物与生织物。用先经练染的丝线织成的织物称为熟织物，用未经练染的丝线织成的织物称为生织物。

3. *麻织物* 麻织物（图 2-3）是指用麻纤维纺织加工成的织物，以前的麻织物一般是纯纺织物，随着近年来纺织技术的进步，出现了许多麻和化学纤维的混纺或交织物，丰富了面料的样式。麻织物的种类很多，但是可以用作服装面料的一般只有亚麻、黄麻和苎麻三种。与棉织物相比，麻织物具有很多的优点。它的吸湿性、导热性和强度都优于棉织物，不易发潮变霉，不易褪色，对酸碱物质都不敏感。

图 2-3 *麻织物*

麻织物的分类方法多样，可以按照组成原料、加工方法及外观的不同来分类。按照麻织物原料的不同可以分为：苎麻织物、亚麻织物、黄麻织物、混纺织物、交织物等。按照加工方法的不同可以分为手工麻织物和机织麻织物。按照织物的色泽又可以分为原色麻布、染色麻布、漂白麻布、印花麻布等。在生产上常用的麻织物的具体品种有夏布、亚麻布、混纺麻织物等。

(1) 夏布　夏布是手工生产的苎麻布，有原色的、漂白的，也有染色印花的，主产地为江西、四川、湖南等。

(2) 亚麻布　亚麻布是一种散热性好、手感柔软的麻布，也有原色和漂白两种，主要产于东北。

(3) 混纺麻织物　混纺麻织物是一种混合纺织的麻布，主要包括棉麻混纺、交织麻织物、涤麻混纺等。

4. 毛织物　毛织物（图 2-4）是指以羊毛和特种动物毛为原料，或与其他纤维混纺而成的纺织品。毛织物抗褶皱，弹性好，手感丰满，抗湿性好，是春、秋、冬季的理想服装面料。根据毛织物纺织方法的不同，一般可以分为精纺呢绒、粗纺呢绒和长毛绒三种。

图 2-4　毛织物

(1) 精纺呢绒　精纺呢绒一般是由精纺毛纱织成的，多数产品的表面光洁，织纹清晰。纺织时使用的原料纤维较长。在纺织的过程中，纤维整齐地排列在纱线中，结构紧密。精纺呢绒纺织时的经纬纱常采用双股 36~60 公支毛线。常见的精纺呢绒的品种有华达呢、花呢、哔叽、凡立丁、啥味呢、派力司、女衣呢、马裤呢和巧克丁贡呢等。

（2）粗纺呢绒　粗纺呢绒一般是用粗梳毛纱纺织而成的，产品的表面覆盖绒毛，织纹不清。在纺织的时候，纤维经过梳毛机后直接进行纺织，纱线中的纤维排列不整齐，结构蓬松，纺织经纬纱多采用单股 4~16 公支的毛纱。常见的品种有海军呢、麦尔登、大衣呢、法兰绒和制服呢等。

（3）长毛绒　长毛绒是一种净纱起毛的立绒织物，在纺织的时候，在机子上织成上下两片棉纱底布，用起毛纱连接在上下两幅底布之间，把双层绒胚用剖绒机割开，就形成了两幅长毛绒胚布，再用长毛绒梳毛机将纱线梳解成蓬松的单纤维，用剪毛机将毛纤维剪开，就形成了长毛绒。

第二节 服装面料的鉴别方法

一、正反面鉴别

在各类纺织面料中，有些面料的正反面难以区别，在服装缝制过程中稍有疏忽就容易搞错织物的正反面，造成差错，如色泽深浅不匀、花纹不等，严重的还会造成明显的色差、花型混淆不清，影响成衣的外观。识别面料正反面的方法很多，一般采用眼看和手摸的感官方法来识别，也有从面料的组织结构特征、花纹和色彩特征、组织变化及花纹、布边特点、特殊整理后的外观特殊效应以及从织物的商标贴头和印章等方面来识别。

一般可以采用以下几种方法来进行正反面的鉴别。

①织物的正面一般相对更加平整光洁，瑕疵较少，色泽和花纹都比反面更加清晰。

②凹凸织物的正面一般质地细腻而紧密，具有突起的团和条纹，立体感较强，而反面一般比较粗糙，并且经常有浮线。

③起毛织物中，单面起毛的织物，起毛的那面是正面，双面起毛的织物，绒毛整齐而光洁的一面是正面。

④毛巾织物中毛圈密度更大的一面是正面。

⑤纱罗织物中绞经突出、纹路清晰的那面为正面。

⑥织物的布边整齐光洁、针眼突出的一面是正面。

⑦闪光或外观特殊的织物，风格绚丽的为正面。

⑧有些织物的正反面完全相同，不需要进行区别，有的织物的正反面各有独特的地方，应根据实际需要来确定其正反面。

二、倒顺鉴别

服装面料的种类具有多样性，平绒、丝绒、灯芯绒、长毛绒及各种呢绒等材料一般不需要区分其正反面，但是却需要区分其倒顺毛。用灯芯绒做服装时，绒面是它的正面，但是这种面料一般用反面做服装更好。用有倒顺毛的材料做服装，则应该用顺毛。这类材料的倒顺毛一般都有明显的差别，用手抚摸时，毛头顺服的是顺毛，毛头撑起的为倒毛。

值得注意的是，有倒顺毛的材料在进行裁剪的时候也要特别注意，要采用单片裁剪法，使所有衣片的倒顺一致；某些具有不对称格子的材料，也有倒顺之分，裁剪时要特别注意。

①带有山水、人像、树木、建筑物等图案的面料，有倒顺的方向之分，一般以图案正立的方向为顺，除特殊设计外，排料时应顺向排列。

②有阴阳格、阴阳条的服装材料具有方向性，在排列的时候要按照同一个方向对齐格子，注意整件衣服方向的一致性。

③金丝绒、灯芯绒、平绒、长毛绒、顺毛呢绒、乔其绒等绒

类织物，一般都有倒顺毛之分，缝制的时候需要特别注意。用手在绒面上进行抚摸，表面的毛头倒伏、阻力小、十分顺滑的是顺毛方向，毛头撑起、阻力大、不顺滑的是倒毛。绒毛的倒顺方向不一致，对光反射的强弱程度也不一样，顺毛方向的颜色看起来浅一些，而倒毛的就相对较深。所以在服装裁剪和缝制的时候都要保持衣服整体的倒顺毛的一致性，顺毛呢绒要顺毛制作，灯芯绒、平绒一般倒毛制作。

三、经纬向鉴别

服装材料都是具有经纬向的，与织物的布边平行的方向为经向，与织物的布边垂直的方向为纬向。对于不同原料制作的交织物，一般哪种面料的强力大，哪种面料所在的方向就是经向，另外的面料所在的则是纬向。如棉毛交织物、棉麻交织物中，棉纱所在的方向为经向；毛丝交织物、毛丝棉交织物中，丝和棉纱所在的方向为经向；如果是丝与绢丝、人造丝的交织物，则以丝所在的方向为经向。

①当织物的经纬向纺织密度不同时，以密度大的方向为经向。

②毛巾织物以起毛圈纱的方向为其经向。

③筘痕明显的织物，以筘痕方向为织物的经向。

④纱罗织物以有绞经的方向为经向。

⑤凸条或半线织物，一般以并纱或股线方向为织物的经向。

第三节 服装里料

服装里料指的是服装面料里面的材料，通常指里子或夹里。一般大衣类、棉袄类、西装、滑雪衫、高档呢绒类服装都会有里料。

一、里料的作用

（1）增加服装的造型美和挺括感　服装加上里料后，可以遮盖服装内部不需要外露的针迹、衬布、毛边等不美观的地方，使整件衣服更加美观。另外，当衣服的面料质地较软的时候，增加里料还可以使衣服变得更加平整、挺括。

（2）增加衣服厚度，提高服装的保暖性　尤其是秋冬季节的衣服，增加里料后衣服的保暖性会更好。

（3）保护和延长外部面料的使用时间　增加里料后，人在活动的时候也不会与面料产生摩擦，保护了面料，延长了衣服的使用时间。

（4）作为夹层使用　里料还可以作为填充物的夹层，将填充物很好地包裹起来。

（5）方便穿脱　加上里料后会使衣服在穿和脱的时候更加方便。

二、里料的选择

里料作为辅助用料，主要的目的是更好地保护面料，方便穿着，在进行衣服里料的选择时，也要考虑这些条件，一般应做到以下几点：

①衣服的里料应该具有与面料相同或相近的性能，包括在耐热性、耐洗涤性、缩水率、强力和厚薄程度上的一致性。

②里料的颜色应和面料相一致，一般不应比面料更深。

③里料的材料应该耐用、光滑、防起毛、防起球，便于穿着。

三、里料的分类

根据服装使用的具体要求的不同，里料可以做成全里、半里、局部里三种。按照制作工艺又可以分为面里固定和面里可脱卸两种。里子的材料也具有多样性，一般可分为以下三种：

1. 天然纤维里料　天然纤维里料具有天然纤维的柔和光泽，耐高温、吸湿性好，常见的有真丝斜纹绸、真丝电力纺、棉府绸等。前两者适合做西装、套装、中高档大衣的里子，后者适合做羽绒服或滑雪衣的里子。

2. 再生纤维里料　再生纤维里料不同于天然纤维，它的正面一般光滑柔软、透气性和吸湿性都非常好，常见的有黏胶丝和棉纤维交织的棉纬绫、棉线绫、富春纺、羽纱以及纯黏胶丝的美丽绸等。其中美丽绸和羽纱都是巨常用的服装里料，羽纱和棉纬绫等都是斜纹组织，美丽绸的表面具有耀眼的光泽。

3. 合成纤维里料　合成纤维里料耐磨、稳定性好、不缩水、强度高，一般用于普通化纤服装的里料和羽绒服的面料和里料，常见的有尼龙绸、尼丝纺、涤丝绸等。

第四节　服装工业的名称术语

一、服装成品部件名称术语

服装专业术语是指服装行业的专用语，包括服装的各个部位、服装制作过程中的某一种操作过程和服装成品的质量要求等，这些专用术语不仅指导着工业化大生产的进行，而且有利于专业知识和技能的传播和交流，在服装生产中的作用巨大。

(一) 上装部分

上装部分见图 2-5。

前身：里襟、门襟、驳头、小肩、串口、底边止口、驳口、省位、止口圆角。

后身：背衩、背缝、过肩、后肩省。

领子：立领、驳领、翻领、领下口、领上口、领里、领面。

袖子：连袖、插袖、圆装袖。

口袋：斜插袋、直插袋、单嵌袋、手巾袋、双嵌袋、贴袋。

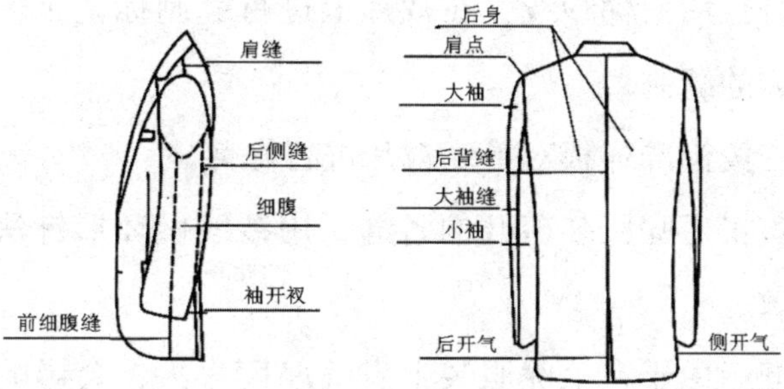

图 2-5　上装部分

(二) 下装部分

侧缝、烫迹线、下裆缝、腰里、腰头、后袋、里襟、门襟、侧缝斜袋、串带襻、侧缝直袋，见图 2-6。

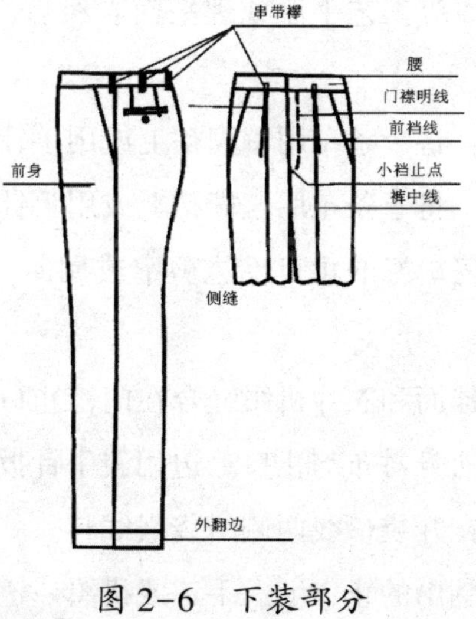

图 2-6　下装部分

二、缝纫工艺名称术语

打线钉：用白棉纱线，在裁片上进行缝制标记工作，一般用于毛呢服装的缝制。

修片：按标准样板对毛坯裁片进行修剪。

环缝：将毛呢服装剪开的省缝，用纱线做环形针法绕缝，以防止线脱散。

剪省缝：由于在毛呢服装上省缝厚度太大，会影响衣服的外观，所以要剪省缝。

缉省缝：将省缝折合，用缝纫机缉缝。

烫省缝：将省缝分开熨烫或坐倒熨烫。

刷花：在裁片印花部位上面刷花印。

缉衬：机缉前衣身的衬布。

推门：用归拔等工艺手段处理平面衣经后，使衣片形态变得更立体。

敷驳口牵条：将牵条布用糨糊粘上或用手针扎在驳口部位。

敷止口牵条：将牵条布用糨糊粘上或用手针扎在止口部位。

修剔止口：将缉好的止口毛边剪窄或剔薄，有修双边和修单边两种方法。

合止口：将挂面和衣片机缉缝合在门襟止口处。

扳止口：将前身衬布与止口毛边用斜手针扳牢。

缉袋嵌线：在开袋口线两侧缉袋嵌线料。

扎止口：在翻出的止口上，手工或机缉一道临时固定线。

开袋口：先缉好嵌线，然后从袋口中间部位将其剪开。

覆挂面：将挂面覆在前衣片门里襟的止口部位。

封袋口：机缉回针在袋口两端封口。

合背缝：机缉背缝缝合。

敷背衩牵条：在后背衣衩边沿部位缝牵条布。

敷袖窿牵条：将牵条布缝在后衣片的袖窿部位。

归拔后背：将平面的后衣片按体形归拔成立体衣片。

封背衩：将后背衣衩上端暗封或明封。

扎底边：将底边扣烫后扎一道临时固定线。

倒钩袖窿：用倒钩针法沿袖窿缝扎，保证袖窿牢固。

扣烫底边：将底边折光或折转熨烫。

扎肩缝：将衬布与肩缝缝头扎牢。

装垫肩：在袖窿肩头部位安装垫肩，使最厚部位位于人体肩线上。

做垫肩：用布或棉花、中空纤维等制作。

倒扎领圈：用倒钩针法沿领圈缝扎。

拼领里：在领里拼缝处机缉缝合。

合领衬：在领衬拼缝处机缉缝合。

归拔领面：将领面归拔熨烫，使其符合人体颈部形态。

归拔领里：将敷上衬布的领里归拔熨烫成符合人体颈部的立体形态。

缲袖衩：用手针将袖口贴边与袖衩边固定。

滚袖窿：用滚条包光袖窿毛边，增加袖窿的挺度和牢度。

收袖山：抽缩袖山松度或缝吃头，用手工缝或机缝。

扎袖里缝：将袖子的面、里缉缝对齐，用手针固定。

缲领钩：用手针将底领领钩开口处缲牢。

裁剪：用剪刀裁剪衣料。

扎暗门襟：暗门襟扣眼之间用暗针缝牢。

电熨斗：有蒸汽电熨斗和普通电熨斗两种，用于缝制过程中的归拔、分缝或成品整烫。

小剪刀：缝纫过程中剪线用的工具。

喷水壶：在整烫、归拔时用来喷水。

烫布：为了避免化纤织物、毛织物在熨烫过程中出现极光，所以在衣片上垫一层纯棉的布料。

烫垫：用比较厚而密且具有一定耐热性的布料制成，中间填充木粉，形状适于胸部、肩部、臀部形态的专用工具。

划眼位：按衣服造型和长度要求划分扣眼位置。

锁扣眼：用粗丝线将扣眼锁光。

滚扣眼：用滚扣眼的布料将扣眼的毛边包光。

滚挂面：用滚条将挂面的里口毛边包光。

绱袖襻：在袖口上设定的部位装袖襻。

翻小襻：小襻的面、里布缝合后将正面翻出。

做袋片：将袋片毛边扣转缲上里布。

缲袖窿：先在袖窿上固定袖窿里布，再在袖窿的里布上固定袖子的里布。

坐烫里子缝：将里子缉缝坐倒熨烫。

绱帽：在领窝上装帽子。

绱帽檐：将帽檐缉在帽子前面的止口部位。

缲底边：将底边与大身缲牢，有明缲与暗缲两种方法。

领角薄膜定位：在领衬上将领角薄膜定位。

压领角：上领翻出后将领角进行热定型。

粘翻领：将领衬与领面的三边用糨糊黏合。

热缩领面：将领面进行防缩熨烫。

夹翻领：将翻领夹在底领的面、里布之间，机缉缝合。

镶嵌线：用嵌线料镶在衣片上。

镶边：用镶边布按照一定的宽度与形状，镶在衣片的边沿上。

缉明线：机缉或手工缉缝服装表面的线迹。

封袖衩：在袖衩上端的里侧机缉封牢。

绱拉链：将拉链装在门襟或侧缝处。

点纽位：用划粉或铅笔标注纽扣位置。

绱袖衩条：将袖衩条装在袖衩位上。

绱松紧带：将松紧带装在袖口、底边等部位。

钉纽扣：在纽位上钉纽扣。

包缝：用包缝线迹将衣片毛边缝锁，使纱线不易脱散。

打套结：用手工或机器在衣衩口处打套结。

刮钉纽襻：将纽襻钉在前门里襟的纽位上。

线迹：缝制物上面两个相邻针眼之间的缝线迹。

针迹：缝针刺穿布料时在上面形成的针眼。

缝型：一定数量的布片和缝制过程中的配置形式。

缝迹：相互连接的线迹。

缝迹密度：在规定长度单位内所形成的线迹数，也叫做针脚密度。

手针工艺：用手针缝合衣料的各种工艺形式。

装饰手针工艺：兼有艺术性和功能性，并以艺术性为主的手针工艺。

定型：根据里料、面料和辅料的特性，再加入一定的外加因素，保证衣料形态的稳定性。

塑型：人为地把布料加工成所需要的形态。

拔裆：将平面裤片拔烫，使其成为符合人体臀部及下肢形态的立体裤片。

绱门襻：将门襻装在裤片的门襟上。

翻门襻：门襻缉好后将正面翻出。

绱腰头：在裤腰上装腰头。

绱里襟：将里襟装在裤片里襟上。

绱雨水布：将雨水布装在裤腰里的下口。

绱串带襻：在腰头上襻装串带。

钩后裆缝：以粗线为倒钩针缝后裆弯处，提高缝制的牢度。

封小裆：将小裆开口机缉或手工封口，增加前门襟开口的牢度。

绱大裤底：将裤底布放在后裆十字缝上并缝合。

扣烫裤底：将裤底毛边折转熨烫。

扣烫脚口贴边：将裤脚口贴边折转熨烫。

花绷十字缝：将裤裆十字缝分开绷牢。

固定裤脚翻边：将裤脚翻边分别在侧缝和下裆缝处固定。

绱贴脚条：在裤脚口的里侧边沿缝装贴脚条。

叠顺裥：缝叠成同一方向的折裥。

抽碎褶：用缝线抽缩成不定型的细褶。

三、机缝名称术语

1. 缭缝机（疏缝机） 由针线通过机器的运动和手工控制缝料形成任意需要针节距离长度的线迹，在缝纫业中专门为两层缝料做临时性定位进行初缝合用的特种缝纫机。

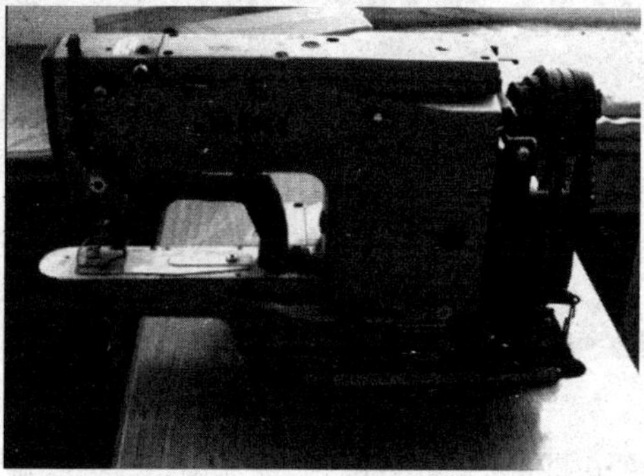

2. 手工线迹缝纫机（珠边机） 手工线迹缝纫机由针线通过机器的运动形成完全与手工缝纫线迹相同的线迹的缝纫机。在缝纫业中专门用于装饰性的缝纫。

3. 毛皮机（拼接缝纫机） 毛皮机是用来拼接各种毛皮的缝纫机。

4. 自动缝纫机 自动缝纫机由电脑控制，设有自动监控系统、送料系统和自动起缝、按设定的轨迹缝纫、停针、剪线等能自动完成某种缝纫工序的缝纫机。常见的有以下几种：

①自动开袋机是能自动完成切袋口、缝纫袋口、袋盖工序的

缝纫设备。

②自动上袖机是能自动完成服装上袖工序的缝纫设备。

③自动上袋机是能自动完成缝纫上贴袋或裤子后贴袋工序的缝纫设备。

④自动上领机是能自动完成衬衫上领工序的缝纫设备。

5. 挑线机构　缝纫机在缝纫时，在形成线迹的过程中，起着输送、回收针线并收紧线迹作用的机构。其分类为：

（1）凸轮挑线机构　由凸轮带动挑线杆运动的机构。

（2）连杆挑线机构　由四连杆机构带动挑线杆运动的机构。挑线杆是曲柄滑杆机构的连杆。

（3）滑杆挑线机构　由曲柄滑杆机构带动挑线杆运动的机

构。挑线杆是四连杆机构的导杆。

（4）旋转挑线机构　由一个或两个装有挑线销的圆盘或其他形状的构杆，以旋转运动进行挑线运动的机构。

（5）针杆挑线机构　固接针杆上的过线、夹线装置，或直接固装于针杆的挑线杆的机构。

6. 送料机构　缝纫机在缝纫时，进行递送缝料的机构。其分类为：顺向送料机构，离开操作者的方向的送料机构。倒向送料机构，向着操作者的方向的送料机构。横向送料机构，沿着操作者的左、右方向的送料机构。下送料机构，由压紧杆机构的压脚压紧缝料，并由送料机构的下送料牙在缝料的背面推送缝料的机构。除此之外，还有以下几种送料机构。

（1）上送料机构　由交替压紧杆机构的上送料压脚在缝料的顶面推送缝料的机构。

（2）针送料机构　机针刺入缝料后，由于针杆机构的摆动，和下送料机构的下送料牙一起推送缝料的机构。

（3）上、下复合送料机构　由可摆动的上送料压脚和下送料牙同时作用于缝料的顶面和背面，一起推送缝料的机构。

（4）上、针复合送料机构　由上送料压脚与刺入缝料的机针同时作用于缝料一起推送缝料的机构。

（5）针、下复合送料机构　由上送料压脚与送料牙同时作用于缝料一起推送缝料的机构。

（6）上、针、下综合送料机构　由上送料压脚在机针刺入缝料时与下送料牙同时作用于缝料的顶面和背面，一起推送缝料的机构。

（7）差动送料机构　由前、后两个送料牙各自独立送料的机构，这种机构可以单独调节前、后两个送料牙的送料速度及送料距，使缝料皱缩或拉伸。

（8）滚轮送料机构　由上面的滚轮压紧缝料的顶面，由驱动机构传动下面的送料滚轮在缝料的背面推进缝料的机构。

7. 勾线机构　缝纫机在缝纫时，由机针带引缝线穿过缝料形成的线环后，钩住这个线环使之形成线迹的机构。其分类为：

（1）旋转勾线机构　以旋转的勾线件完成勾线动作的机构。

（2）旋转梭钩机构　在单线链式线迹缝纫机中，呈菱角状不穿缝线的梭钩，由旋转机构带动，在缝料下面钩住针线形成单线链式线迹的机构。

（3）摆动勾线机构　用摆动的勾线完成勾线动作的机构。

（4）摆梭勾线机构　锁式线迹缝纫机中的摆梭由半旋转机构带动，用摆梭把机针线环钩住并套过摆梭及其梭芯套与梭线交织形成锁式线迹的机构。

（5）弯针勾线机构　在链式线迹缝纫机中，穿有缝线的勾线件，做往复摆动，勾住机针上的线环或另一勾线件上的线相互缝连，形成链式线迹的机构。

（6）线钩勾线机构　在单线链式线迹缝纫机中，呈钩形不穿缝线的勾线件，由摆动机构带动在缝料下面钩住并扩张针线的线环，形成单线链式线迹的机构。

（7）叉针勾线机构　端部有叉口不穿缝线的勾线件，由摆动机构带动，叉住缝线互联，形成链式线迹的机构。

8. 挑线杆行程　挑线杆上的穿线孔在一个运动周期中的两个极限之间的距离。

9. 针杆行程　针杆上某一点在针杆运动两个极限位置之间的距离。

10. 缝纫速度　每分钟针刺的次数，单位为：针/分

（1）最高缝纫速度　缝纫机在正常缝纫条件下，能承受的最高针刺次数。

（2）工作缝纫速度　缝纫机在正常缝纫条件下，能承受持续安全操作的最高缝纫速度。

11. 缝线　缝线是指缝纫用线。一般有棉线、化纤线、金属丝等。

（1）针线　穿过机针孔的缝线。

（2）弯针线　穿过弯针的缝线。

（3）绷线　覆盖于缝料背面的缝线，是构成线迹不可缺少的弯针线。

（4）覆盖线　覆盖于缝线正面的，用来加固和装饰的缝线。

12. 线迹　缝纫机机针在每次刺过缝料时，由一根或多根缝线自连、互连或交织在缝料上而形成的一个单元。自连是缝纫是机针缝线的一个线环穿入其缝线本身形成的前面一个线环的连接方法；互连是缝纫时，先由弯针缝线穿入由机针刺过缝料后机针缝线所形成的线环，再由机针在缝料被送料后，再次刺过缝料时穿过弯针所形成的线环的连接方法；交织缝纫是梭线穿入机针刺过缝料后机针线所形成的线环的连接方法。线迹分类为：

（1）链式线迹　由一根或多根针线自连或和弯针互连形成的线迹。接缝线多少分为：

①单线链式线迹。单线链式线迹是由单根针线穿过缝料自连形成的线迹。

②多线链式线迹。多线链式线迹是由一根或多根针线和一根或多根弯针线互连形成的线迹。

③覆盖链式线迹（覆盖绷缝线迹）。覆盖链式线迹是在由两

根或更多的针线形成的多线链式线迹的基础上，加一至两根覆盖线，按曲折走向贯穿于正面全部线迹与下面互连的线迹。

④包边链式线迹。包边链式线迹是由一根针线自连，或由一根针线和两根弯针线互联，并使缝线包锁缝料边缘的线迹。

（2）锁式线迹　针线和锁线按交织方式形成的线迹。

（3）组合线迹　在缝纫中同时形成两种以上不同的线迹。

13. 线迹长度　一个线迹单元的长度。直向线迹长度，是线迹平行于送料方向的投影长度。横向线迹长度，是线迹垂直于送料线迹方向的投影长度。

14. 线环　缝纫机缝纫时形成线环的特征，是机针带引缝线穿过缝料下降至最低位置后，当机针再次回升一定距离时，针眼附近的缝线被针眼抬起弯曲形成的一个环形图，这个环形图称为线环。

15. 缝线　在缝料上构成连续的线迹，按其形状分为：直线缝，是沿送料方向在缝料上构成直线形的连续线迹；曲折缝，在缝料上构成连续的曲折形连续线迹；装饰性线迹，是仅为了观感上的美丽而非结构所必需的线缝。

16. 线辫　缝纫完毕后，缝纫机在无缝料的情况下继续缝纫动作，由针线自连或针线和弯针线或覆盖线互连形成的成串线迹称为线辫。

17. 缝式　两层或多层缝料经不同的折叠后缝合的形式。

18. 针迹距　针迹是机针在缝料上刺出的踪迹。针迹距是缝料上两个相邻针迹之间的距离。直向针迹距是在曲折缝中，平行于送料方向的投影距离；横向针迹距是曲折缝中，垂直于送料方向的投影距离。

19. 针间距　针间距是指多针缝纫机上两根相邻机针中心线

之间的距离。

外针间距是指多针缝纫机上最外边的两根机针中心线之间的距离。

20. 浮线　缝纫时，若构成线迹的缝线不能与缝隙料紧密结合，在缝料底面出现缝线没有收紧而形成连续或不连续的环圈的现象，称为毛巾状浮线。

21. 卡线　缝线在缝纫过程中被缝纫机的钩线件卡住的现象，如在平缝机上卡线是指缝线被旋梭卡住的现象。

22. 缝线起毛　缝线在缝纫过程中，由于缝线在过线件中是高速通过的，若过线件部位不光滑，会使缝线的部分纤维磨损，引起缝线纤维松散、缝线表面呈现单独纤维外露的起毛现象。

23. 线迹歪斜　直线缝纫时，线迹不平行于送料方向的现象；曲折缝时，一组线迹与相同的另一组线迹不相平行的现象，均称为线迹歪斜。

24. 跳针　在缝纫时，由于勾线机构不能勾住针线的线环，使缝线中不能形成完整的连续线迹，其中不连续的线迹被称为跳针。

25. 起皱　缝料被缝纫后，在送料方向发生的皱缩，称为起皱。缝线在垂直于送料方向发生的皱缩，称为横起皱。

26. 扭曲　在缝纫时，由于缝线张力过大，使缝纫后的缝料出现卷曲不平的现象。

27. 花纹失真　在绣花机缝纫花纹后，由于机器的控制或机械的故障，使缝纫后的花纹与设定的花纹形状不相符合的现象。

28. 刺料机构（针杆机构）　缝纫机在缝纫时，由针杆带动机针带引缝线刺穿缝料进行缝纫的机构。

（1）固定式针杆机构　针杆在机头的针孔内只做上下往复运

动，带动机针带引缝线刺穿缝料机进行缝纫的机构。

（2）摆动式针杆机构　针杆在连接机头上的摆动架的针杆孔内上下往复运动带引缝线刺穿缝料进行缝纫时，摆动架又做左右或前后摆动的机构，摆动架的摆动方式有左右或前后直线摆动、围绕支点做弧线摆动。

29. 压脚　在缝料表面施加压力的构件。压脚按其缝纫机性能分为平缝压脚、包缝机压脚、特种机压脚。压脚按其功能分为普通压脚、特种压脚。特种压脚种类很多，如卷边压脚、送料压脚、双针压脚等。

30. 压紧机构　在缝料表面施加压力的机构。其分类为：压紧杆机构，有一个压脚在缝料表面施加压力的机构；交替压紧杆机构，有两个压脚在缝料表面交替压料的机构，其中一个为不移动的机，另一个为随同缝料或机针一起移动的压脚；滚动压紧机构，有一个或两个滚轮在缝料表面施加压力的压料机构。

31. 压脚提升机构　提升和解除压脚对缝料压力的机构。其分类有：手提机构，用手扳动压脚扳手提升和解除压脚压力的机构；膝提压脚机构，用膝踏操纵，通过杠杆系统提升和解除压脚压力的机构；脚踏提升压脚机构，用脚踏操纵，通过杠杆系统提升和解除压脚压力的机构；电动、气动或液压提升压脚机构，用电磁力、气动压力或液压力提升和解除压脚压力的机构；自动提升压脚机构，缝纫完毕后，压脚按控制顺序自动提升压脚的机构。

32. 压脚提升高度　压脚提升经锁住后，压脚底平面与针板上平面之间的距离。

33. 针距调节装置　缝纫机中，专门调节针距长度的装置。

34. 切料装置　缝纫过程中，切除缝料的装置。在包缝机、带刀平缝机中有切除缝料废边的装置；在缝纫皮革的缝纫机中有切除废皮料的装置；自动缝纫机中有切断线带、装饰带等缝料的装置。

35. 开孔装置　缝纫过程中，在缝料上开孔的装置。在锁眼中有开锁眼孔的装置。在绣花机中有开花纹孔的装置。

36. 绕线装置　为把缝线从线团绕到梭芯上使用的装置。内置式绕线装置安装在缝纫机的机体内；外置绕线装置安装在缝纫机的台板上。

37. 夹线装置　为使缝线在一定的张力状态下顺利构成线迹，专门对缝线施加压紧力的装置。该装置可根据需要进行调节。

38. 润滑装置　缝纫机在运转时，提供润滑油的装置，其分类有：

（1）重力润滑装置　依靠自重或毛细管作用将润滑油输送分配到需润滑的部位的装置。一般采用油箱，通过油线、油垫及油管等输送油。

（2）加压润滑装置　润滑油被施加压力，通过管道输送分配到需润滑的各部位的装置。一般采用齿轮、柱塞或离心油泵等。

（3）飞溅润滑装置　缝纫机运转时，由浸润在润滑油中的传动件的转动将润滑油飞溅到需要润滑的部位的装置。

39. 吸油装置　在缝纫过程中，润滑的部位不断被增加润滑油后，需要吸取不能自由返回贮油处的剩油，以防止润滑油过多而引起外溢或渗漏，由此而专门设置的油泵、吸油管等吸油装置。

40. 自动停针位装置　在缝纫机停机时，使机针自动停在规定位置的装置。一般有上针位、下针位两个位置。

41. 自动剪线装置　缝纫机缝纫结束时，自动剪断线的装置。

42. 自动拨线装置　在装有自动剪线装置的缝纫机中，针线被剪断之后，为使针线在第二次顺利起缝，将机针从针板孔下拨上来的自动装置。

第二章

手缝工艺

第一节 手缝工具

我国的手缝工艺的发展历史久远，是我国服装缝制的最原始的手艺，我国的服装在国际市场上深受消费者的喜爱和欢迎，其中的一个原因就是传统的手缝工艺的运用。虽然随着机械化技术的不断发展，服装缝制的工艺已经走上了机械化缝制的方向，改变了传统的手工缝制的制作格局，但是不得不提的是，手缝工艺自有其独特和高超的地方，某些特殊的缝制技巧和某些部位的缝合，是机械化作业不能完全取代的。所以，掌握手缝的技术和工艺还是十分必要的。手缝基本工具见图 3-1。

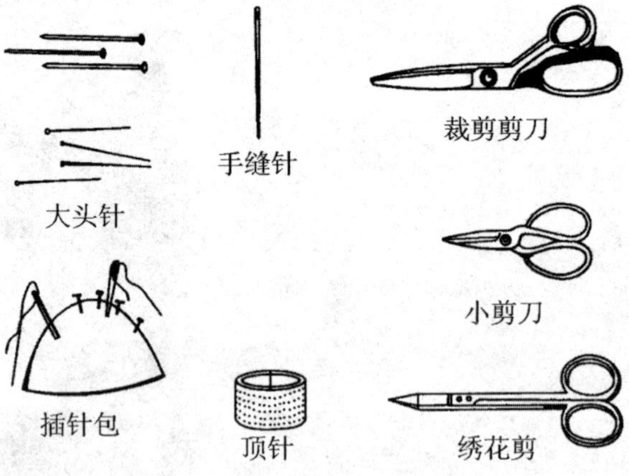

图 3-1 手缝基本工具

一、手缝针

1. 概念　手缝针又称为手针，是手工缝制服装的主要工具。手缝针的样式多样，有粗针、细针、长针、短针之分，但是针鼻形状是一样的，都呈细长的椭圆形。市场上一般通过针号来区分手缝针的长短和粗细，一般针号小的针鼻就更粗。

2. 针的选用　手缝针的针号越大，针身就越短，越细，针鼻也就越小，所以一般不可以选用针号太大的针，以免给缝制带来不必要的麻烦。手缝一般用的是 6~7 号的针，锁眼钉扣的一般用 4~5 号针，用来缝制化纤和丝绸织物的多是 8~9 号针。缝制用针的针尖要尖、光滑，防止刺坏面料。

3. 针的用法　用针缝制衣物和我们用笔写字具有相同的道理，只有用的方法正确，才能够得心应手。在使用的时候，一般用右手的食指和拇指捏住针杆的上半段，用中指上的顶针顶住针尾，沿着缝制的路线用力将针穿过衣料。

4. 穿针和缝制　左手拿针，右手拿线，要把线预留出 2 厘米的长度，并把线头弄尖，便于穿过针杆，然后用左手拿住针杆，右手拿着预留的线穿过针鼻，穿的时候要反复调整针鼻和线头的位置，直到线穿过针鼻为止。

缝制的时候，要用右手拿针，左手捏布，用针尖从右向左，缝制 3~5 针，针距要控制在 0.3~0.5 厘米，然后拔出针，把布展平。缝制的时候要求线迹平顺，排列整齐，缝线松紧一致，手法敏捷。

二、顶 针

1. 概念　顶针是一种缝纫用品，大多是用金属材料或塑料做成的环形的指套，指套的表面有密密麻麻的凹痕，可以在缝制的时候保护手指。

2. 用法　顶针在缝制的时候使用，一般是戴在右手中指的中节或上节，活口处戴在手指的里侧，防止在缝制的时候扎到手指。

三、剪 刀

在服装的缝制过程中经常要用到剪刀，经常使用的剪刀有两种类型，一种是用来剪掉线头的小纱剪，另一种是用来裁剪服装面料的裁剪剪刀，如图 3-2 所示。第一种剪刀的刀口很小，刀身很短，使用的时候十分轻巧和方便；第二种剪刀的刀口很大，刀身很长，但是可以紧贴着工作台进行裁剪，作业方便而准确。两种剪刀的特点不同，作业方式不同，用途不同，可以说各有利弊。

图 3-2　剪刀

四、尺 子

尺子是服装缝制和裁剪过程中经常要用到的工具之一，用来测量服装面料的尺寸，常见的有皮尺、米尺、弯尺和厘米尺等，其中皮尺和米尺见图 3–3。

1. *皮尺* 皮尺又称为软尺，是用塑料制成的，用来测量人体和服装的成衣尺寸的工具。常见的皮尺一般有两种，一种的两面分别刻有厘米和寸的刻度，另一种的两面分别刻有厘米和英寸的刻度。但是无论是哪种，其用途都是一样的。

2. *米尺* 米尺是用来测量服装面料的长度和宽度的工具，在服装的裁剪和制图过程中使用十分广泛，制作材料一般有钢制、木制和有机塑料制等。米尺的长度也大小不同，有的长 100 厘米，有的长 30 厘米，也有的长 60 厘米。

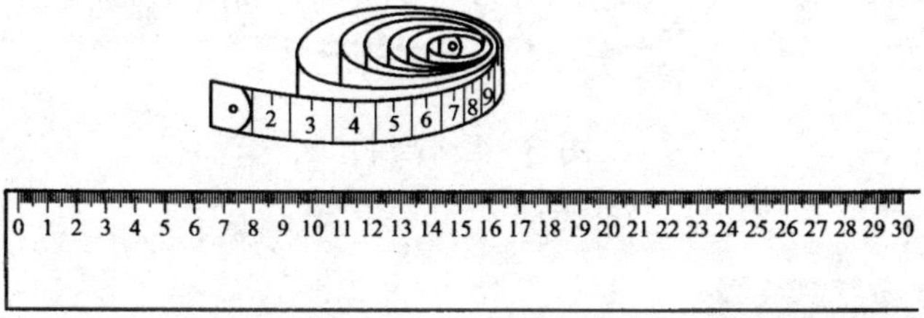

图 3–3 皮尺和米尺

五、针 插

针插也是服装缝制过程中经常要用到的一种辅助工具。它一般是用布料做成的，内部装有棉纱、头发之类的填充物，并且针插的内部还具有一种油性很大的物质，可以保持针尖的光滑，防止生锈。同时，在缝制的间歇时间把针插在固定的针插上，也可以防止针的丢失。根据个人使用习惯的不同，也有人把针插套在手腕上使用。

六、画　粉

画粉主要是在面料的裁剪过程中画线用的。一般可以分为两种，如图 3-4 所示，一种是用天然的白色滑石割成片制成的，画线清晰，不易脱落；另一种是用石粉制成的，颜色多种多样，适合在不同的服装面料上画线。

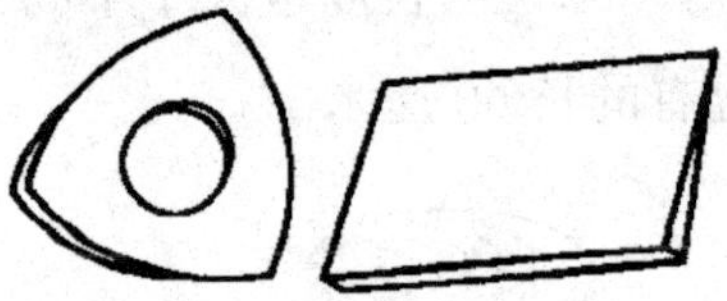

图 3-4　画粉

七、锥　子

锥子是由以塑料或者圆木制成的手柄和锋利的、不锈钢的尖锥构成的，锥尖十分牢固、尖锐，不易生锈。锥子在服装的缝制过程中也应用得十分广泛，常用于扎定服装的兜位，省尖位，挑领角、下摆角等。

八、镊　子

镊子是一种同时适用于手缝和机缝的缝纫辅助工具，可以在手缝的时候用来辅助穿线或拔取线头，也可以在机缝的时候辅助手指推送衣料，避免危险，提高工作效率。镊子选用的标准是镊尖咬合完整、弹性好、无错位现象等。在翻袋角、翻领角时也可以使用。

九、熨斗和熨台

缝制完成后的服装一般都需要进行熨烫，所以熨斗和熨台也是服装缝纫工经常要使用到的基本工具。与原始的熨烫设备不同，现在使用的蒸汽电熨斗一般都具备自动喷水和调温的功能，使用更加方便，有利于工作效率的提高。

第二节　手缝针法

手缝是服装缝制的一种最基础也是最原始的方式，直到今天，其应用范围仍然十分广泛，所以掌握常用的手缝针法是十分基础和必要的。总结起来，常见的服装手缝针法一般有缝、缲、撩、扳、拱、寨、绷、环、贯、纳、钩、拉、打、锁、钉等十多种。我们将介绍其中最基本和最常用的。

一、平　缝

1. 概念　平缝俗称拱布头，是服装缝纫中最基本的一种缝纫方法，它是初学者针法练习的开始，比较简单，但是却可以很好地锻炼初学者的协调性，增强初学者缝制的手感。一般只有当初学者可以很好地进行平缝之后，才可以进一步练习其他的缝制方法。

2. 操作　平缝的方法十分简单，在缝制的时候将需要进行缝合的两层衣片正面相对叠起来，然后沿着预留出来的缝头等距离、等线迹地进行车缉。

二、打线钉

1. 概念　打线钉工艺在服装缝制过程中也十分常用，一般又可以分为单针打线钉和双针打线钉两种。一般在具体的操作过程中使用的都是白线，要求双线的上下对齐对正，要求线钉的针距保持在 3 厘米左右。

2. 操作　将两层需要缝合的衣片对齐后平整地铺在台板上，一上一下交替地顺向运针。单针打线钉的时候是每缝一针就移动一下位置；双针打线钉则是连续缝两针后再移动位置，要求浮在面料表面的浮线的距离为4~6厘米。缝制完成后，先将材料表面的线用剪刀剪断，然后把上面的衣片掀开，轻轻地用手把上下层衣片之间的缝线拉长，到0.3~0.4厘米长时，从缝线的中间剪断，然后再翻过衣片，再将底层的连线剪断，保持上下层的线头为0.2厘米左右，然后用手拍散。

三、绷 针

在服装的缝制过程中，将两层或多层布料连接在一起，起固定作用的针法称为绷针，也叫扎、叠、撩等，如图3-5所示。绷针是平针针法的发展和灵活应用，用途十分广泛，在绷袖口、绷侧缝、绷袖缝的时候都会用到。绷针又可以分为两种，分别是临时性绷针和永久性绷针。

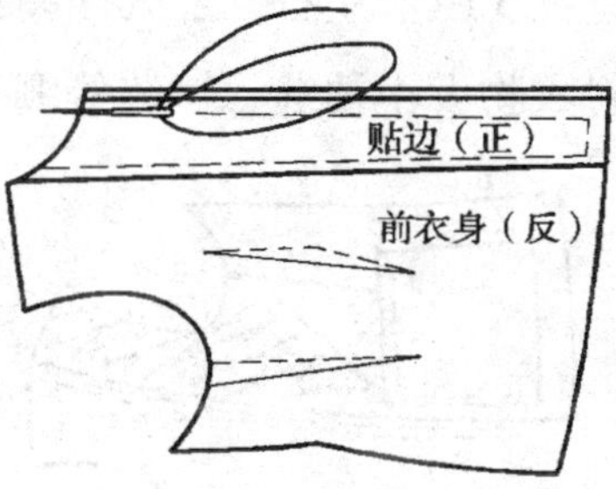

图3-5 绷针

1. 临时性绷针 临时性绷针主要是服务于服装缝制的下道工序，如图3-6所示，它的作用是使衣料在进行缝制的时候不易移动，方便操作。

临时性绷针在缝制的时候要求左右手协调配合。用左手压住需要缝制的衣物，右手拿针缝制。临时性绷针一般用单线缝制，每次针顶入和缝出的时候，反面露出的针脚要尽可能地小，或者不露出。针码要大小一致，针距适当，缝制的线路直顺，在缝制尾端的时候还要缝制一个倒钩针，防止开线。这种针法一般适用于绷底边、覆衬。

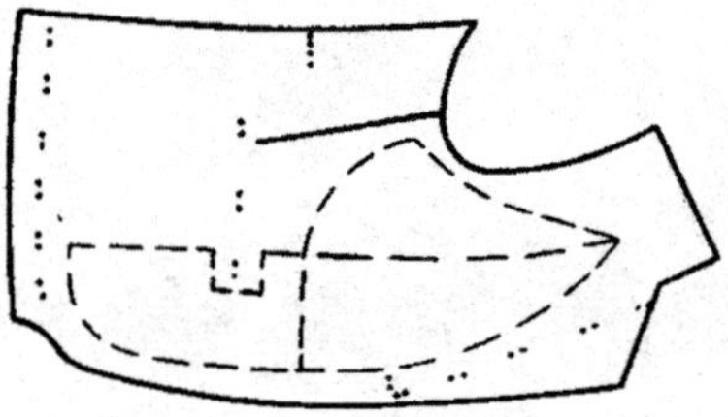

图 3-6　临时性绷针

2. 永久性绷针　永久性绷针的作用是将衣服的里料和面料缝制和固定在一起，如图 3-7 所示，一般绷针应该适当松点，针距适当大一点儿，保持在 5 厘米左右，永久性绷针一般用双线缝制。这种针法常用于毛料衣物大小袖缝、摆缝等绷过面等。

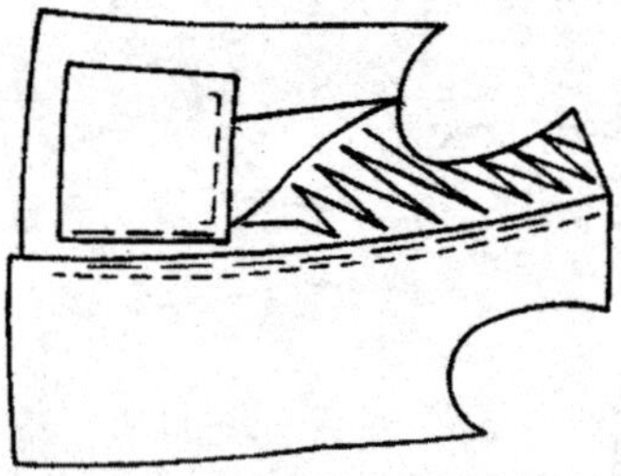

图 3-7　永久性绷针

四、三角针

1. 概念　三角针是一种常用于锁服装底边部位的针法，由于这种针法的线迹是三角交叉的形状，十分像“X”形，所以称为三角针法，如图 3-8 所示。用这种针法缝制出来的衣物的正面只会显露出十分细小隐蔽的小点。

2. 操作　先将布料的折边部位熨烫平整，然后从布料的左边起针，从折边的里面向外将针穿出，然后向布料的右侧斜上方移动针脚，挑起布料上的几根布丝，然后把针拔出，带出缝纫线。然后再向斜下方移动针脚，在折边的部位挑起几根布丝，然后同样拔出针，带出缝线，和前一针形成等腰三角形，然后重复上述过程，从左向右缝制。缝制的时候要求不同部位的三角形要大小相同，角与角之间的距离为 0. 5~0. 7 厘米，拉线要松紧适度，不能使布料的正面起坑。

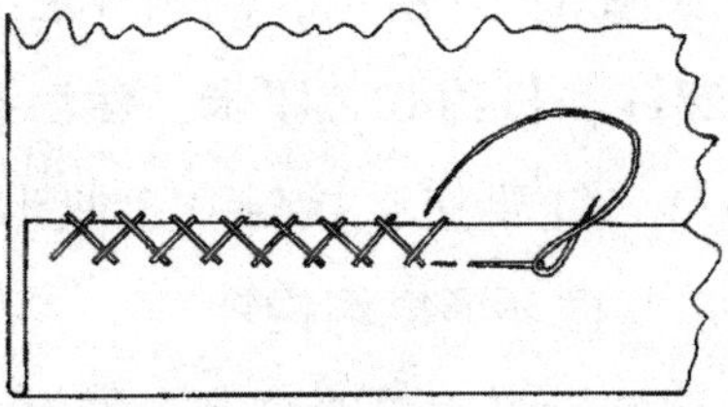

图 3-8　三角针法

五、钩　针

钩针又称为回针，是一种运针的方向进退结合的针法，见图3-9，又可以进一步分为倒钩针、顺钩针、斜钩针三种。三种方法的针法特点不同，线迹不同，所以使用的部位也就不同。倒钩针多用来起固定衣物的作用，常用在衣服的面和里的摆缝处；顺钩针又称为拱针和暗针，多用来固定挂面，防止外翻，多用在衣服的点止口；斜钩针则多用在高档服装敷衬上的领口弧和袖窿弧线处。

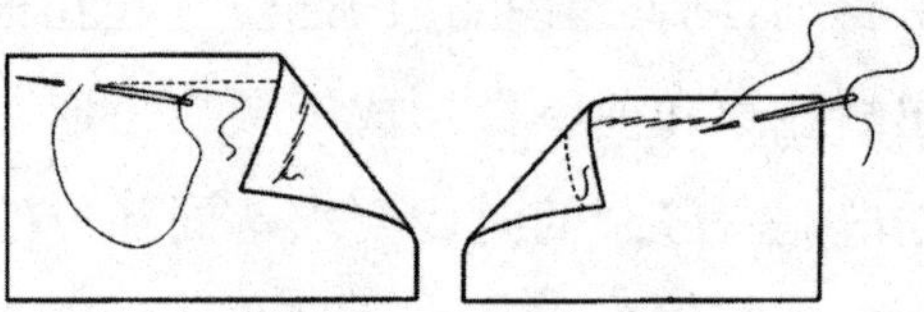

图 3-9　钩针

1. 倒钩针法　如图 3-10 所示，倒钩针法缝制的时候从接缝处向里 0.7 厘米处起针，长约 0.2 厘米，然后再向后退 1 厘米缝第二针，第一针和第二针要交叉接触 0.3 厘米，然后逐步后退，拉线稍微紧一些，以此循环形成倒钩针。

2. 顺钩针法　顺钩针多用单线缝制，缝完之后衣服正面的线迹呈小点形，反面的则成链形。顺钩针在缝制的时候也是从右向左运针，起针的时候由上向下穿，使针尖穿透衣片，拔出，然后确定针脚之间的距离和密度，再把针由下向上穿透衣片，这就是一个循环过程。然后把拔出的针再次向下穿，依次循环。

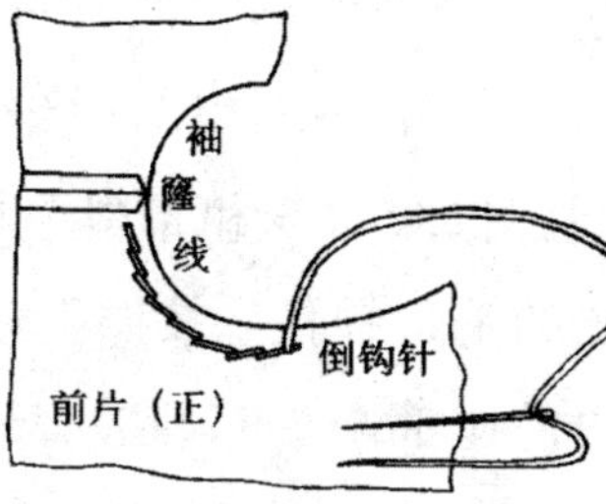

图 3-10　倒钩针法

六、锁　针

1. 概念　锁针是一种将缝线绕成线环，将织物的毛口锁绕住的针法，经常用来挖空花、锁扣眼以及为某些装饰性很强的服装绣边。锁扣眼是锁针的一种，按照扣眼的外观分为方头和圆头两种类型，按照功能有纯装饰和装饰兼实用两种。一般具有内衬的衣服多锁圆头扣眼，材质单薄的衣服一般锁方头扣眼。锁针起着固定衣服的作用，在衣服的缝制过程中常被称为衣服的眼睛。锁针要求锁好的扣眼的针距要均匀，锁好的边的距离要一致，锁结要向上，并且又密又齐，锁好后的衣服要不露出衣服的内衬和线丝，光滑圆顺。

2. 操作　操作步骤见图 3-11。

①锁扣眼的第一步是给扣眼打衬线。打衬线就是在距离扣眼 0. 2 厘米的地方，缝两条和扣眼等长的线，这两条线距离扣眼的距离要相等。为扣眼打衬线的目的是使锁好的扣眼更加牢固，更加结实。

②锁眼缝要从扣眼的尾部开始，将线结藏在上下两层布之

间，把针尖从下层布料向上层布料挑缝，但只缝出针身的一半即可，不要全部拉出。然后用右手把针尾的线向外绕在针上，然后在拔针的同时向外拉线，拉线时线和布料要成 45°角，让线结套在扣眼的边缘，把扣眼的毛边锁住。按照上述过程依次锁缝，注意锁线的方向是由扣眼的尾部向头部锁缝。另外，在拉线的时候要注意拉线的力度，既要拉紧，又不可以把布弄皱。

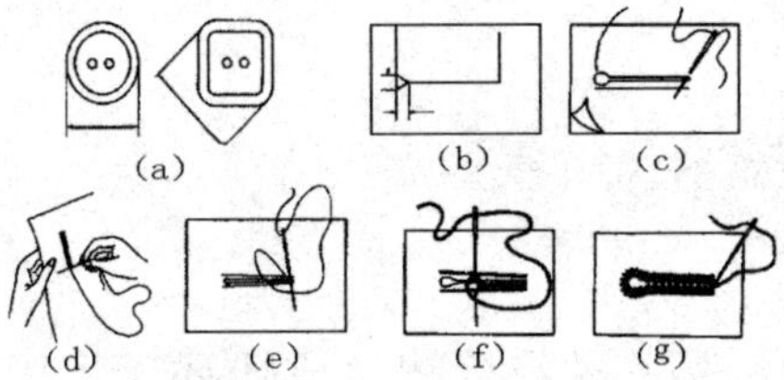

图 3-11 锁针

（a）画扣眼 （b）剪扣眼 （c）打衬线

（d）、（e）锁针 （f）、（g）锁圆头扣眼

七、拉线襻

1. 概念 拉线襻是一种在衣片上将缝线连续环套成小襻的针法，多采用与面料顺色的粗丝线或多股缝纫线。拉线襻有手编法和锁缝法两种，常用于腰带襻、纽襻、婚纱裙摆、风衣、大衣活里底摆等面料与里料的固定。

2. 操作 如图 3-12 所示，手编法的操作过程一般可以用“套、钩、拉、放、收”五个字来概括。缝制的时候第一针要从面料的反面缝出，将线结藏在反面，在距离 0.2 厘米处再缝第二针，注意第二针的线套不要拉紧，要留有一定的长度，然后用右手拉住缝线，用左手的食指和拇指撑开线套，中指勾住缝线。然后左手放脱线套，右手拉住缝线和左手配合，使其形成线套。之后依次循环。当拉线襻的长度达到一定的要求后，松开右手，将针穿过最后一个线襻，拉紧穿到反面打结，将线襻尾部固定到要求的部位。拉线襻的时候要十分注意双手的配合，线结的大小和松紧要始终保持一致。

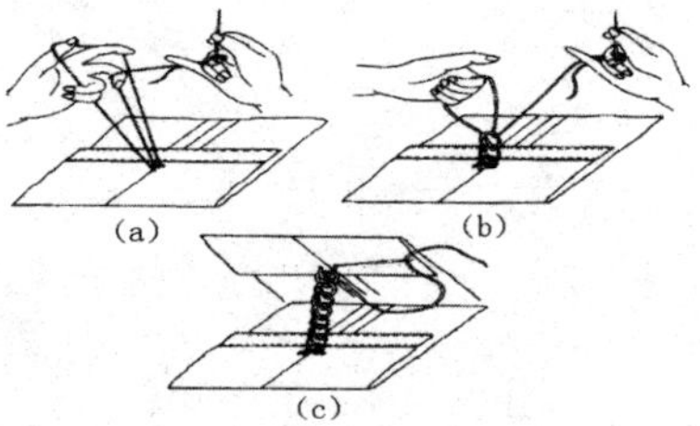

图 3-12　拉线襻

八、钉扣针法

钉扣针法主要是用来缝制衣服的纽扣的针法。衣服的纽扣按照实用程度可以分为两大类，一类是实用性的扣子，另一类是纯装饰的扣子。缝制不同使用目的扣子的方法也不相同，缝制实用性扣子时，纽扣一定要和扣眼直接结合，一般要绕缝纽扣的柄；而装饰性的扣子就不需要和纽扣的扣眼直接结合，因此在缝制的时候衣服的反面不需要钉透，只要美观就好。钉纽扣的形式和步骤见图 3-13。

1. *无线脚无垫布纽扣的钉纽方法*　无线脚无垫布纽扣的钉纽方法多用于衬衫纽扣的缝制。在缝制的时候也是从衣片的下面出

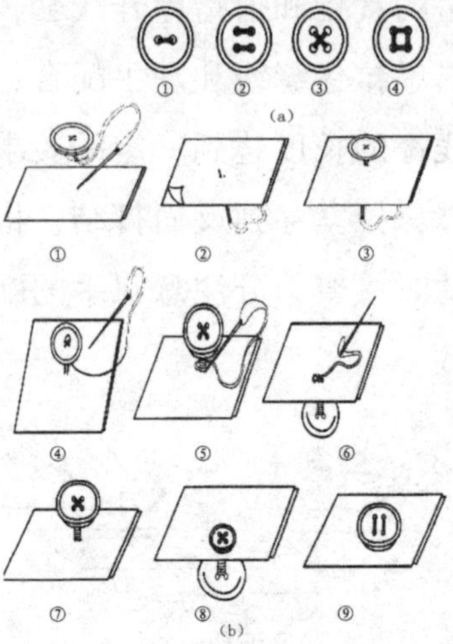

图 3-13　钉纽扣

(a) 钉纽扣的形式　(b) 钉纽扣的步骤

针，把线结藏在衣片的夹层里，把穿出的针尖插入一个纽扣孔中，然后再从另一个纽扣孔内穿出，刺入布面。来回缝制多次使纽扣缝结实。要求缝制的纽扣和布面之间留有 0.1～0.2 厘米的松度。

2. *有线脚有垫布纽扣的钉纽方法*　这种纽扣在缝制的时候要从衣片的上面出针，先在布料的表面缝制一针，然后把线结藏在纽扣的下面。然后同样把针尖刺入一个纽扣孔里，然后再从另一个纽扣孔穿出，连续缝制两次。然后在第二个纽孔的线脚上连续缠绕若干圈，绕满后将针刺入衣片的反面打结，把线头藏在衣服的夹层。缝制好的纽扣的位置要适当，扣子要不松不紧，缠绕的线脚要排列整齐、美观。

第四章

机缝工艺

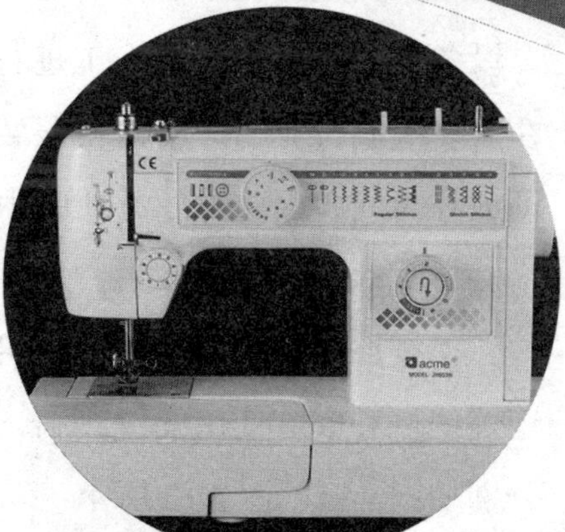

第一节 机缝工艺基础

手缝工艺虽然历史悠久，具有很大的实用性，但是随着工业化生产的发展，手工缝制的局限性也逐渐显露出来，为了适应工厂化的规模生产，就不得不发展机缝工艺。

一、机缝基本工具

（一）缝纫机

缝纫机是机缝工艺发展进步的基础，是发展规模化缝制的主要设备，主要用于代替人工进行衣料的各个裁片的缝合。缝纫机在服装缝制行业的应用使得服装缝制的效率大大提高，节约了劳动力和时间，因此被广泛地应用。

1. 工业缝纫机分类

①按照缝纫机用途的不同可以把缝纫机分为工业缝纫机、专用缝纫机和家庭使用的缝纫机。其中，工业缝纫机和家庭缝纫机分别如图 4-1、图 4-2 所示。

家庭缝纫机一般是脚踏式缝纫机，运转的速度较慢，使用二

图 4-1　工业缝纫机

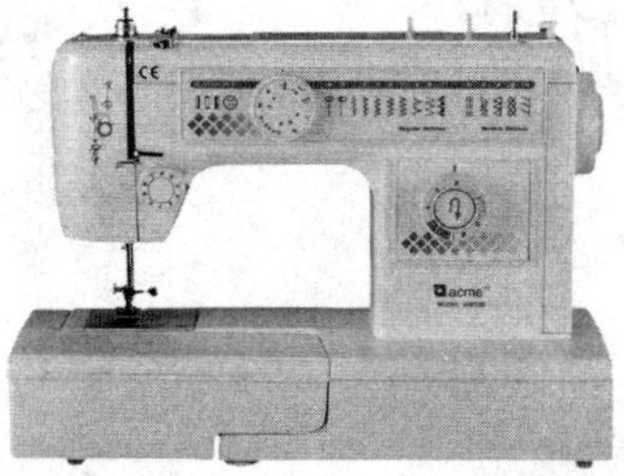

图 4-2　家庭缝纫机

相电来进行运转。工业缝纫机一般以三相电来进行运转，尤其是一些规模比较大的工厂使用的缝纫机，运转速度快，工作效率高。专用缝纫机主要是一些具有独特用途的缝纫机，一般只用于服装生产的某个专业程序。

②按照缝纫机的挑线机构不同进行分类，如图 4-3 所示。缝纫机的挑线机构是缝纫机几大主体机构之一，决定着缝纫机的运转方式。目前常用的主要是连杆式挑线机构和凸轮式挑线机构两大类，除此之外，目前还有滑杆式挑线机构和针杆式挑线机构两类。

（a）连杆式挑线

（b）凸轮式挑线

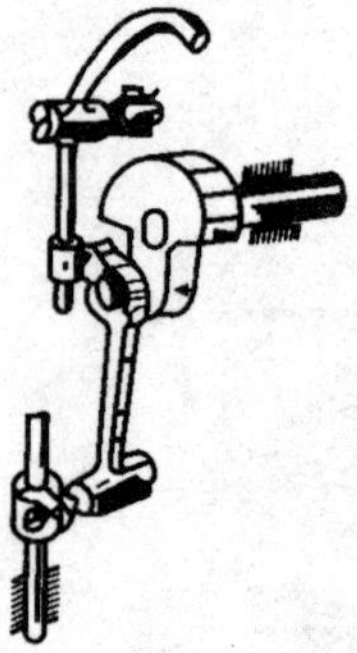

（c）滑杆式挑线

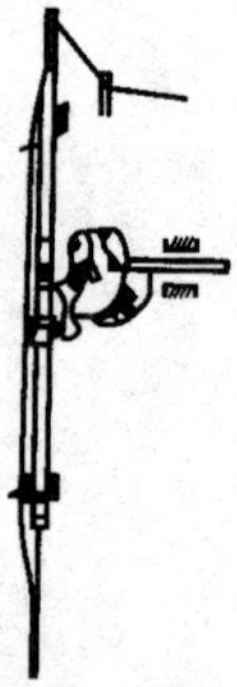

（d）针杆式挑线

图 4-3　缝纫机的挑线机构

③按照缝纫机线迹的不同进行分类。线迹是缝纫线的运行轨迹，主要有单线式线迹和双线式线迹两大类，单线式线迹又可以进一步分为单线编织线迹和单线接缝线迹；双线式线迹又可以进一步分为双线链式线迹、双线拼缝线迹、双线包缝线迹和双线锁式线迹等。

④缝纫机机头的外在样式不同，有筒形机头、平面形机头、箱形机头、柱形机头和弯臂式机头等，如图 4-4 所示，据此可以对缝纫机进行分类。

2. 专用缝纫机分类　专用缝纫机是指可以满足专门工艺的加工要求的缝纫机，主要区别于通用的缝纫机设备。通用缝纫机主

要包括平缝机、包缝机、绷缝机等链式或锁式线迹的缝纫机。而

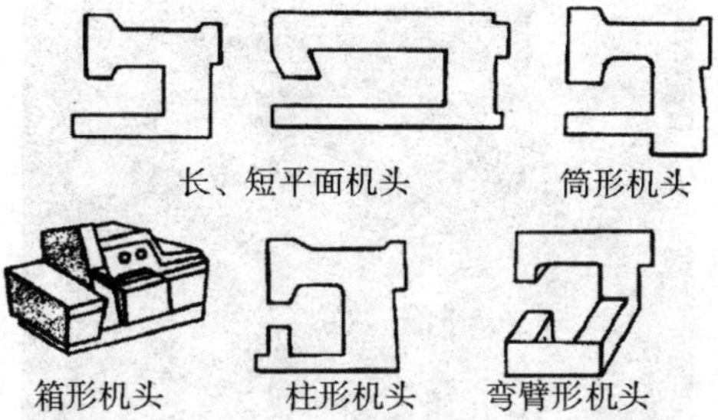

图 4-4　缝纫机的机头形式

专用缝纫机主要包括锁眼机、钉扣机、套结机、绱袖机和暗缝机等。专业缝纫机的数量很少，但却是服装生产的关键设备，要有一定的了解。

（1）锁眼机　锁眼机是一种专门用来缝制服装的纽扣扣眼的设备。根据锁制的扣眼性质的不同，又可以分为圆头锁眼机和平头锁眼机两大类。其中平头锁眼机主要用于内衣、童装、衬衫等衣服锁眼；圆头锁眼机主要用于中厚度的服装锁眼。

（2）套结机　套结机是一种专门用于对各种服装的特殊部位进行缝合和加固的设备。服装的背带、纽孔背、裤襻、袋口等承

受巨大拉力的地方，一般都需要套结加固，所以套结机又称为加固缝纫机。套结机一般采用双线锁式线迹进行套结。套结后的线迹和锁式线迹相似，只是通过特定的送料机构，同时从纵向和横向两个方向进行送料。套结机的主要工作机构包括机针机构、摆梭机构、挑线机构、送料机构、压脚机构、耳机制动机构。

(3) 钉扣机　钉扣机是服装加工行业中使用的各种专门用来缝制服装纽扣的设备，可以用来缝制两眼、四眼扁平扣，如果配置相关的附件设备，还可以用来缝制带柄纽扣和风纪扣等。

钉扣机一般常用的结构形式是由针杆挑线、旋转钩线，形成单线链锁线迹，由于其操作方便，工作效率高，所以被广泛地用在服装生产的过程中。目前国内外使用较广泛的有美国胜家的275Z 型钉扣机、日本兄弟公司 CB3-B916 型钉扣机、我国双工牌

GJ4-2 型钉扣机等。

（二）缝纫机针

1. 概念　缝纫机针又称为车缝针，有家用缝纫机针和工业用缝纫机针两大类。家用缝纫机针和工业用缝纫机针的样式不同，家用针的针柄上有一个很小的平面，而工业用针则是圆柱形的针柄。和手缝针一样，工业用缝纫机针的大小也用针号来表示，但是和手缝针不同的是，工业用缝纫机针的针号越大，则针柄越粗。

2. 规格　机针除了可以按照号数的大小分类，还可以按照规格来进行划分。机针的规格也是机针大小的一种表示方式，我们需要了解它和机针号数之间的关系，方便进行换算。机针的规格一般用 Nm 表示，它和习惯号数的换算关系见表 4-1。

表 4-1　公制代号 Nm 与习惯号数的换算关系

单位：毫米

公制代号Nm	65	70	75	80	90	100
习惯号数	9	10	11	12	14	16

3. 针型　针型是用来区别某缝纫机中所用的机针型号的代

码，由于缝纫机的种类和用途多种多样，所以缝纫针的具体种类也很多，为了具体区分各种机用缝纫针，人们为它们规定了各自不同的针型名称，见表4-2。虽然现在各个国家都有自己的针型标号，但是同一类型机针的针杆直径和长度却是一样的，这就方便了交流和使用。

表4-2 针型

种类	针型			直径（毫米）	机针全长（毫米）
	中国	美国	日本		
锁眼机	71×1	71×1	DL×1	4.6	37.1～39
	136×1	142×1	DO×1		
	557×1	71×5	DL×1		
	DP×5	135×5	DP×5		
平缝机	88×1	88×1	DA×1	1.6	33.4～33.6
	96×1	16×231	DB×1		
包缝机	81×1	81×1	DC×1	2.0	33.3～33.5
	DM13×1	82×3	DM×13		

4. 针号　针号是机针针杆直径的代码，不同针号的针具有大小不同的针杆直径。目前常用来表示针号的方法有三种，分别是公制、英制和号制。

公制是以百分之一毫米作为度量针杆的基本单位量，并以度量值作为针号，如55号针，针杆直径D-55/100-0.55毫米。

英制是以千分之一英寸作为量度针杆直径的基本单位，并以度量值作为针号，如022号针，针杆直径D-22/1000-0.022英寸。

号制是指标机针的一个代号，是我们经常使用的针号单位，号制的号数越大，则针杆越粗。在工业生产的实践过程中，人们总结出了各种机针的具体使用条件，一般缝制绸缎、真丝等质地轻薄的材料时多使用9号针，缝制涤棉、棉布等中等厚度的材料时一般选用11号针，缝制薄呢、涤卡等春秋季节的服装时，一般用14号针，缝制粗花呢、帆布、灯芯绒等材质较厚的材料时一般选用16~18号针。

(三) 拆刀

拆刀是服装缝制过程中的辅助性工具，主要用于在缝错后来拆除缝线。它一般都有一个木制或塑料制成的手柄，手柄的上端装着扁平的铁质的头，铁质的头十分锋利，为了防止在拆除线的时候损坏服装面料，所以顶端都会固定一个塑料小球。

(四) 滚轮

滚轮又称为擂盘或点线器，它也是一种缝纫的辅助工具，主要用于在面料和纸样上做标记，由于使用滚轮后留下了点状的痕迹，所以可以方便后期缝制。滚轮一般也有木制或塑料制成的手柄，上端装有扁平圆形的可以活动的部件，部件上装有可以留下痕迹的针装物，使用时通过针状物的滚动而留下痕迹。

二、机缝基本概念

1. 线迹　线迹又称为针码，是缝纫机在工作的过程中留下的轨迹和线段形式。这是缝纫机工作结果的直接显现。

2. 线密度　线密度是单位长度上线的质量，是纱线的重要的物理和几何特征，是确定纱线粗细程度的指标。线密度的大小不仅影响着缝制成品的质量，而且与织物的服用性能的高低密切相关，一般可以通过定长制和定重制来表示。

3. 定型　定型是指在服装生产的过程中，根据服装面料和辅料的特点，采用特定的外部因素，使衣服的外部形态稳定的加工过程。

第二节　传统机缝工艺

滚、嵌、镶、荡是服装缝制的传统工艺，在童装、旗袍和睡衣等服装的缝制过程中使用广泛。在滚、嵌、镶缝制的时候，一般都是用斜丝，并按照45°角的标准进行缝制。

一、滚

滚既是对服装衣片边缘的处理方法，也可以用于服装的装饰。

1. 明线滚边

(1) 方法一　先把滚条正面与衣片的反面相叠，然后按滚边的宽度要求进行缝合，再翻转滚条，扣光滚条的另一边毛缝，用滚条包紧衣片边缘，盖住第一道缉线并沿滚条边缘缉0.1厘米止口。

（2）方法二　把滚条正面和衣片正面相叠，按滚边的宽度要求进行缝合，然后翻转滚条，包紧衣片边缘部位，在正面滚边上缉0.1厘米止口，也可以在滚边外口缉0.1厘米，形成双止口。明线滚边常用于大衣底边滚边。

2. 暗线滚边　暗线滚边的操作方法是把滚条正面与衣片正面相叠后缝合，滚条翻转，包紧衣片的边缘部位，滚条扣光毛缝后再用手工绞牢。或在正面沿滚边缉别落缝，将反面滚条缉牢。有夹里时，或对高档服装的挂面、底边毛口滚边时，反面毛缝也可以不进行扣光操作。

二、嵌

嵌是一种装饰工艺。

可以按照所在部位不同分为里嵌、外嵌，一般里嵌多用于衣片的分割缝中，以及镶边、滚边、荡条；外嵌则多用于袖口、领门襟等止口处。

1. 外嵌　把嵌条朝里对折，使其与外层衣片的外口正面相叠，按嵌线要求的调度先缉上外层衣片，固定后，再与里层衣片正面相叠，在第一道缉线的里口缉线，将里外层衣片都翻到正面，外嵌就完成了。

2. 里嵌　如果需要缝制的衣片是开刀分割的，而且外层衣片有两部分，那么就可以进行里嵌了，嵌条内还可衬有线绳，使其更具立体感，装饰效果也更好。

三、镶

镶就是通常所指的镶边及镶条。镶主要用于不同颜色的镶拼装饰，适用于衣身、领、袖、袋中间或边缘部位的装饰。镶边一般是比较宽的，大都在 2 厘米以上，因为太窄不易做。镶边正面可以根据需要缉明线。

1. 拼镶　衣片边缘镶边。

2. 嵌镶　衣片中间镶边。

3. 夹镶　夹在衣片缝份上的镶边。

四、荡

荡是把带有装饰性的布条悬荡在衣片中间的一种缝制工艺。主要分为单层荡、双层荡，而且荡条可以分为无明线、一边明线、两边明线等不同形式。荡一般适合用于领、袖、衣身、袋中间部位的装饰。

1. 单层荡

(1) 方法一　将荡条两边的缝头折转，烫成需要的宽度。熨烫的时候可以借助硬纸条进行，考虑到硬纸条有厚度，所以宽度可以略小 0.1 厘米或 0.2 厘米。将荡条压缉到所需要的部位，两边均留 0.1 厘米止口。

(2) 方法二

①将荡条一边缝头折转烫倒。

②将荡条毛缝一边缉上衣片。

③压缉另一边止口。

2. 双层荡

①将荡条向里对折。

②将荡条双层毛缝一边缉上衣片。

③压缉另一边连折止口。

第三节 工业平缝机

一、平缝机功能特点

工业平缝机是服装生产企业使用最多的缝制设备，在缝纫设备中占较大的比例。因此了解工业平缝机的性能和维修是非常重要的。下面将以国产 Gc 型工业平缝机为例来讲述工业平缝机的工作原理与维修方法。

工业平缝机是形成锁式线迹的缝纫机，可以在缝制材料的正反面形成呈虚线状的直线线迹，进行拼、纳、合等多种操作。在服装生产过程中，它的使用频率极高，是最基本的常用缝纫设备。工业平缝机具有以下特点：

①形成的线迹的牢度好，用线少。

②线迹的伸缩性能差，更换线轴比较麻烦。

二、平缝机结构

工业平缝机种类繁多，结构精密，但是主要的构成机构是相同的，主要包括机针机构、挑线机构、勾线机构和送料机构。

（一）机针机构

工业平缝机的机针机构是一种平面的滑块机构，当机器的主轴进行旋转的时候，针杆曲柄、针杆连杆面、针杆夹头等装置带动针杆在机壳的针杆套筒中做上下方向的直线往复运动，使固定在针杆上的机针进行刺布运动。由此可见，机针结构的主要作用就是通过主轴的旋转运动带动机针的上下往复直线运动，形成线环。

（二）挑线机构

挑线机构是工业平缝机完成上线锁扣动作，控制上线运动轨迹的关键部位。它可以控制缝纫线的疏松和回收过程。

挑线机构采用的是平面曲柄摇杆机构，其传动如下：

主轴（旋转）→针杆曲柄（转动）→挑线连杆（平面移动）→挑线摆杆（摆动）→挑线连杆上的穿线孔（上下曲线运动）。

由于这个机构的主要作用就是把主轴的旋转运动转化为穿线孔的上下往复的曲线运动，因此由平面曲柄摇杆机构的运动特性就可以知道穿线孔的运动特点。

①主轴每旋转一周，就带动穿线孔上下运动一次。

②穿线孔在向下缓慢运动的时候是挑线机构的给线阶段，这个过程一般比较缓慢，这就有利于机针线环的形成和线环套过梭床。

③穿线孔向上快速运动的时候是挑线机构收线的阶段，一般时间较短，运动较快，这就有利于更好地抽紧线环，进而拉紧线迹。

（三）勾线机构

勾线机构是工业平缝机在运转的过程中形成线环、产生双线式线迹的主要工作部位，一般由下轴部分、梭子部分和摆梭部分构成。

①工业平缝机的下轴部分主要包括下轴曲柄销子、下轴曲柄和摆轴滑块等，如图 4-5 所示。下轴曲柄通过摆轴滑块，带动下轴和摆梭托进行往复运动。

②工业平缝机的梭子主要包括梭皮和梭门组件等。

③工业平缝机的摆梭主要包括梭心、梭床、梭子、梭床圈、梭床眼睛圈、摆梭、梭床圈销钉等，如图 4-6 所示。梭心、梭子分别起着储存底线与控制底线的作用。梭床眼睛圈可以控制梭子在其规定的范围内进行左右摆动，保证上线顺利地带动下线的运动。梭床是梭子进行往复运动的活动轨道，保证梭子按照预定的程序摆动。以上各个部件在其他动力和传动机构的配合下共同运转，按照固定的程序，完成勾线动作。

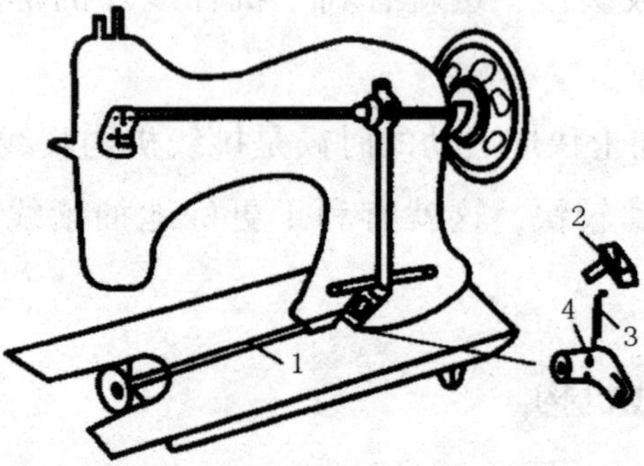

图 4-5　工业平缝机的下轴简图

1—下轴　2—摆轴滑块　3—下轴曲柄销子　4—下轴曲柄

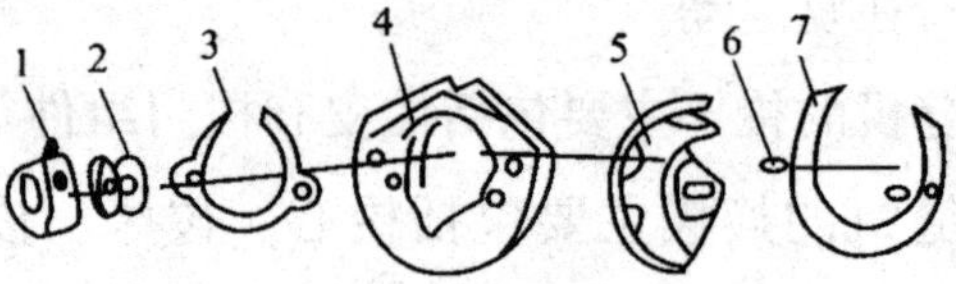

图 4-6　工业平缝机的摆梭简图

1—梭子　2—梭心　3—梭床眼睛圈　4—梭床　5—摆梭　6—梭床圈销钉　7—梭床圈

（四）送料机构

平缝机的送料机构主要是协调和配合机针机构、钩线机构、挑线机构的运转，按照预定的要求适时地为机器的缝制向前或向后传送布料。送料机构的正常运转离不开压脚和送布牙的配合，由于机器运转的过程中受到压脚的压力作用，所以在上下层缝料之间，或者缝料和送布牙之间产生了相互摩擦，而缝料就是在这种摩擦力的作用下，借助送布牙的推动而向前运动的。

送布牙的运动轨迹是类似椭圆形的，它包括了送布牙的上下运动和前后运动。

1. 送布牙的上下（抬牙）运动　首先由装在机器上的抬牙偏心轮连动抬牙连杆摇动，促使抬牙轴往复摆动。然后再通过抬牙轴左端的摇杆和小连杆，带动送布牙架，使送布牙架上的送布牙往复地进行抬牙运动。

2. 送布牙的前后（送布）运动　由于机器的送布偏心轮与抬牙偏心轮是连在一起的，所以当主轴开始转动的时候，送布偏心轮就可以通过牙叉滑块传动促使牙叉连杆进行往复运动。而牙叉连杆又同时与针距连杆和针距调节盘铰连。由于在工作的时候原点的位置是固定不变的，所以在原点的制约作用下，牙床在往复摆动的同时就形成了前后方向的运动。

三、故障维修

(一) 断线

断线是机器在缝纫的过程中十分常见的故障类型之一，又可以进一步分为断面线和断底线两种，两种故障产生的原因不同，所以其具体的排除方法也有一定的差异。断线故障原因及排除方法见表 4-3。

表 4-3 断线故障原因及排除方法

故障现象	产生原因	排除方法
断面线	1. 机针针孔边缘有锐角或针槽拉毛	1. 抛光针孔后使用或换新针
	2. 面线经过线孔部分拉毛，缝线运动受阻	2. 用砂布打光，再把线涂上研膏拉光
	3. 缝厚料用细线	3. 更换相应缝线
	4. 缝线强度太差	4. 更换缝线
	5. 面线压力太紧，缝线运动困难	5. 适当旋松夹线螺母
	6. 旋梭内槽有锐角，将缝线碰伤，抽断线	6. 将旋梭内槽用抛光膏抛光，然后试装或者更换新的
	7. 旋梭定位钩与梭架凹口配合不当	7. 调整旋梭定位钩的标准位置
	8. 机针过热把线头熔断	8. 对化纤线采取机针冷却
	9. 针板孔有毛刺以致碰伤缝线	9. 用砂布拉光，但不能拉得过大，否则会引起跳针
	10. 机针位置装错	10. 纠正机针的位置
	11. 机针弯曲	11. 更换质量好的机针
	12. 针杆上、下行程不对，针杆曲柄上的挑线曲槽定位螺钉没有定位在挑线曲柄的凹槽内，或定位方向错误	12. 重新定位和纠正错误的定位方向
	13. 检查锥齿轮上的啮合间隙和轴向间隙，按要求它们的窜动间隙一般不大于 0.05~0.1 毫米公差范围	13. 旋松锥齿轮固定螺钉，合理调节两锥齿轮的间隙

续表

故障现象	产生原因	排除方法
断底线	1. 梭芯线绕得太满、太松、太乱，使底线在缝纫过程中出线不畅，造成断线	1. 合理修正绕线器，使梭芯上的绕线达到均匀、紧凑、整齐
	2. 梭芯太大，运转不灵活	2. 适当改善梭子与梭芯的配合
	3. 送布牙位置过低，造成送布牙底部快口处和底线出线的距离过小，使底线和送布牙底部快口发生接触摩擦	3. 适当提高送布牙的位置
	4. 梭皮压线口受到磨损	4. 调换新梭皮
	5. 旋梭皮边缘发毛，擦断底线	5. 调换新梭皮
	6. 梭皮和梭子外壳配合不好，配合间隙不合适，出线张力不匀	6. 修磨梭壳或更换

（二）断针

在缝纫的过程中，机针受到来自外界的意外撞击等强作用力的时候就会被折断，折断的主要原因就是机针与某个零件发生了碰撞。断针现象的发生和机针的质量、机器安装调试不良、机器的震动、机针号型选用不当、操作错误等有关。断线的故障分析及维修见表4-4。

表4-4　断针的故障分析及维修方法

现象	产生原因	维修方法
偶然性断针	机针安装不良	更换新针，并正确安装
	机针变形，针尖变钝	同上
	机针、缝料、缝线选配不当	按缝料的厚薄选用相匹配的机针和缝线
	缝料厚薄不匀，车缝速度过快	每遇厚薄变化处，慢速车缝
	推、拉缝料用力不合理	正确、熟练地操作

续表

现象	产生原因	维修方法
连续性断针	针板安装不良，以致机针与针板孔未正对	重新安装，并进行校正
	压脚松动、歪斜以致碰针	检查并重新固定好
	送料牙与机针运动不协调	按送料牙与机针的正确配合进行调整
	梭床定位钩安装不良，以致梭床走位而碰针	检查并重新安装好
	梭嘴与机针配合间隙过小	对梭嘴与机针的配合进行调整

（三）浮线

浮线的发生影响了衣物的缝纫，而且有时会影响衣物的美观。一般来说，浮线的发生有三种状况，有时是浮底线、面线；有时是毛巾状浮线；有时是间断性浮底、面线。浮线的原因及排除方法见表4–5。

表4–5 浮线的原因和排除方法

故障	原因	排除方法
浮底线、面线	由于送料与刺针的动作配合不对，造成底、面线在交织过程中受阻，形成浮线故障	合理调整偏心轮的定位位置：当机针开始刺料但离缝料2~3毫米距离时，送布牙送料结束，这时就是偏心轮的定位位置
	面线的张力过大，造成浮底线；反之，底线张力过大，则浮面线	浮底线可调大面线的张力来解决；浮面线可以调小面线的张力来解决；也可以调整底线的张力大小来解决

续表

故障	原因	排除方法
毛巾状浮线	由于旋梭受到外力作用而损伤，钩线机构各部位有裂痕或毛刺，使面线无法顺利通过，而造成毛巾状浮线的故障	具体维修方法参照有关维修旋梭部分
毛巾状浮线	由于面线夹线器操作失灵或压脚压住缝料，进行缝纫时，松线钩和松线顶失灵，造成面线在无张力的情况下缝纫，面线无法收紧，大量余线留在缝料下面	可通过合理调整松线钩及夹线器的运动位置，使松线顶伸缩灵活，使夹线器既能松线，又能压线
	由于梭子圆顶的过线圆弧面严重生锈或有毛刺，使面线通过梭子圆顶过线圆弧处受到阻力	用油石修磨圆弧处的铁锈或毛刺，并抛磨达到一定的光洁度要求，使面线通过时无明显受阻现象
有时浮线，有时不浮线	由于梭子和梭芯配合不佳，造成底线出线不匀，使在缝纫过程中出现时浮时不浮现象	通过选择配合较佳的梭芯来解决
	梭皮和梭子外圆配合的平整度不好，造成出线位置不同，出线的压力也不同，出线时好、时坏的现象	合理调整梭皮和梭子外圆配合的平整度，使出线位置与出线的压力基本相同
	压脚压板下的出线槽太浅或太短，造成缝纫线迹向前移动时受到摩擦阻力的影响，使底、面线交织不匀	应拆下压脚，用细砂纸打深打长压脚底板下的出线槽，并要磨光出线槽，使缝料向前移动时，能顺利通过
	机针、缝线、缝料三者配合不符合要求	根据缝料选用合理的机针和缝线

(四) 线迹歪斜和缝料皱缩

线迹歪斜是指缝料上的线迹出现倾斜现象，底线和面线的交接点总是偏向布料的一个方向。缝料皱缩是指缝料的部分地方出现皱缩现象，用力拉缝线的时候，缝线就会被拉断。线迹歪斜和缝料皱缩的原因及排除方法如表 4-6 所示。

表 4-6　线迹歪斜和缝料皱缩的原因及排除方法

故障现象	产生原因	排除方法
线迹歪斜	1. 面线张力太大	1. 减弱面线张力
	2. 缝纫薄料时底、面线的交接点无法藏于缝料中间	2. 缝纫薄料时选用较软的细缝线
	3. 机针太粗，造成线迹歪斜	3. 用与机针相匹配的缝线
	4. 机针安装不正确	4. 纠正机针方向
	5. 机针过线孔太大	5. 使用小号机针
缝料起缩	1. 面线张力太强	1. 减弱面线张力
	2. 送布运动快于针杆	2. 把送布速度调到标准
	3. 送布牙倾斜	3. 把送布牙调到前高后低
	4. 旋梭与针板在挑线杆过线处不光滑	4. 使过线处光滑
	5. 针板容针孔太大	5. 换新针板

(五) 声音异常

工业缝纫机在缝纫的过程中，由于非正常原因而出现的撞击声、尖锐声或者其他不正常的声音称为声音异常。机器的声音异常就像一个前奏，总是会由此引发其他的机器故障，在故障的排除过程中，可以根据机器异常声音的发生部位进行查找和排除。

（六）送料不良

送料不良是指机器在缝制的时候，缝料不能按照预定的要求向前输送，而出现皱缩、停滞不前或者线迹歪斜等情况。送料不良的故障分析及维修见表4-7。

表4-7 送料不良的故障分析及维修

现象	产生原因	维修方法
缝料停滞	送料牙露出针板平面太低	调高抬牙曲柄
	压脚压力太大或太小	检查并旋松或旋紧压脚调压螺钉
	压脚底面或针板平面粗糙	对粗糙部位进行打磨、抛光
	送料机件磨损导致送料牙不运动	检查后更换零件
缝料来回走	送料牙露出针板平面太高	根据缝料厚薄调整送料牙的高度
缝料错位皱缩	缝线张力太大	分别调小面线、底线张力
	压脚压力偏大使上层缝料受阻	调小压脚压力
	压脚底面粗糙、对上层缝料阻力大	对压脚底面打磨、抛光
	压脚底面不平整	修复或更换压脚
	压脚倾斜不平	检查并进行调整
	缝制轻滑缝料时压脚压力偏小	根据缝料性质调大压脚压力
	缝线弹性大	选用合适的缝线
缝料时快时慢，针距大小不一	压脚压力偏小或送料牙位置偏低而不能完全控制缝料	相应调大压脚压力或调高送料牙位置
	送料牙齿尖有磨损	检查后更换送料牙
	缝料弹性大，操作有误	降低机速并进行正确操作
	针距调节器未锁紧	检查后锁紧针距调节器
	传动机构有磨损或松动	对松动处进行调整或更换零件

第四节 包缝机

一、包缝机特点

包缝机又称为拷毛机、拷机和拷边机，它和平缝机一样也是服装企业常用的主要缝纫设备之一。主要是用来缝合面料的边缘，以要求的线迹包裹面料，防止织物出现纱线脱落的现象。

与平缝机相比，包缝机的外形结构紧凑、小巧，零件较小，运转的惯性较小，工作时状态平稳，可以进行高速运转，不需要频繁地更换锁芯，生产效率较高。此外，包缝机的线迹很接近链式的线迹，可以减少平缝机在缝料拉伸时出现的缝线断线问题，保证了衣物缝制的质量，包缝机的这一特点决定了它可以适用于弹性衣料的缝制。

二、包缝机用途

包缝机的用途非常广泛，仅现有的包缝机就可以完成以下五种类型的缝料加工。随着新的包缝机的不断发展和包缝机附件的不断研发，我们相信其今后的应用范围还会有进一步的发展。

①用于布边的装饰和加固，如用来包边和镶边。

②面料合缝加工，如两段厚料的接头加工、针织内衣的缝制、男衬衫的袖窿和摆缝处的缝制等。

③袖口和下摆的边部加工，如常见的波浪型、绣花型袖边制作等。

④剪齐多层衣片的布料，如里料和芯料的加工。

⑤用于弹性面料和质地光滑的面料的加工。包缝机具有平缝机所不具备的差动送料装置，通过逆差动和顺差动送料，可以进行泳装等光滑和弹性面料的加工。

三、包缝机类型

包缝机的种类多种多样，各种品牌和型号应有尽有，分类方法也十分繁多。目前常用的分类法主要有两种，一种是按照缝纫的线数进行分类，一种是按照缝纫的速度来进行分类。

（一）按线数分类

根据包缝机线迹形式的不同，可以分为以下六种形式：

1. 单线包缝机　单线包缝机是缝制过程中使用针数最少的包缝机，只需要用到一根机针和两根叉针，然后用一根缝线形成一种单线的包缝线迹，适用于缝合简单的布匹和毛皮的接头。

2. 双线包缝机　双线包缝机在使用的时候要用到一根机针、一根叉针、一根弯针，然后用两根缝线形成一种双线式包缝线

迹，适用于缝制针织缝料、布匹接头和简单的包边衣料等。

3. 三线包缝机　三线包缝机在使用的过程中要用到一根机针、两根弯针、三根缝线，形成了应用范围很广的三线包缝线迹。由于这种三线包缝线迹的拉伸性好、美观牢固，所以这类机型也是服装生产中经常要用到的包缝机型。

4. 四线包缝机　四线包缝机在使用的时候一般采用两根机针、两根弯针，四根缝线形成一种四线型的包缝线迹，这种线迹

和三线包缝线迹一样应用范围广泛，但是又不同于三线线迹。四线包缝机根据缝制的不同要求，可以把机针和上弯针配合调节出全包和半包的包缝样式，可以提高线迹的牢固程度，减少线迹边缘脱散的可能性。多用于针织物包缝或者是摩擦较为剧烈的袖缝、肩缝等部位的包缝。

5. 五线包缝机　五线包缝机主要是通过两根机针、三根弯针、五根缝线来形成链线与包缝的复合线迹。五线包缝线迹的形成主要是通过一根弯针和一根机针形成双线链式线迹，然后再与三线包缝线迹复合而成。这种包缝机可以实现合缝、包边同时进行，而且缝出的线迹十分美观、牢固，应用范围很广泛。

6. 六线包缝机　六线包缝机采用三根机针、三根弯针、六根缝线形成了双链式线迹和四线包缝机线迹组合成的复合线迹。六线包缝机是在五线包缝机的基础上再加一根针，同样可以实现包边、合缝的同时进行，但是相对五线线迹更加牢固，同样使用范围很广。

（二）按缝纫速度分类

机器的运转速率是决定机器生产效率高低的重要因素，运转速度高的机器，生产效率也就更高，更能满足生产实践的需要。

我们还可以按照包缝机运转的速度来进行分类，一般可以分为中速、高速和超高速三种。

1. 中速包缝机　中速包缝机的结构较为简单，采用人工作业的方式进行机器的润滑，生产效率较低。一般缝速为 3000 转/分，中速包缝机较为常见的有国产的 GN1-1、GN1-2 型包缝机等类型。

2. 高速包缝机　与中速包缝机相比，高速包缝机在整体的机型结构上有了很大的改进，采用了全自动的润滑方式和运转更为轻便的轻合金材料，设备运行更加稳定，生产效率有了进一步提高。高速包缝机的一般运转速率可以达到 5000~7000 转/分，较为常见的有国产的 GN2-1M 型、GN5-1 型、GN6 系列高速包缝机等。

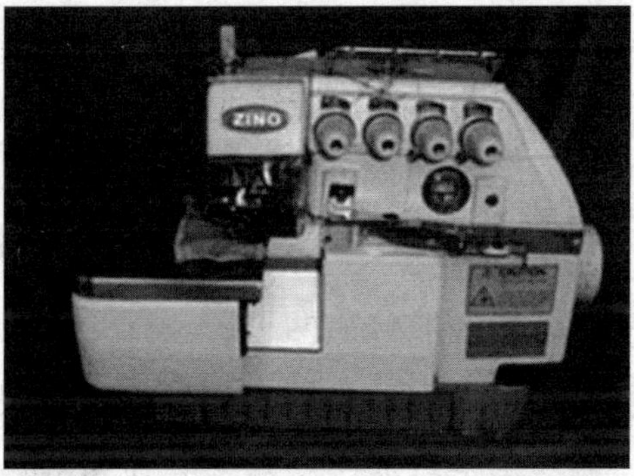

3. 超高速包缝机　超高速包缝机是在高速包缝机的基础上进一步改进的运转速率更高的包缝机类型。这种机器新装了缝线冷却装置、风扇空冷的多级压力油泵、静压式主轴和机针针尖，而且机器的运转部件全部换为材质较轻的合金材料，运转的速度可以达到 7000 转/分以上，常见的超高速缝纫机主要有台湾银箭公

司 737、747 系列及日本飞马制造的超高速包缝机等。

四、包缝机结构

包缝机的主体结构和工业平缝机十分相似，主要由针杆机构、钩线机构、挑线机构、压脚机构、切刀机构组成。前四个机构的主要作用和平缝机具有一定程度的相似性，分别是驱动机针、成缝线、缝料输送器和收线器运动的机构。而切刀机构的主要作用是切去缝料的毛边，保证缝线线迹的美观。

（一）针杆机构

包缝机的针杆结构一般分为两种，一种是活动式的针杆，主要适用于中速包缝机；另一种是固定式针杆，一般配有活动的针夹，这种结构一般适用于高速包缝机。高速包缝机之所以使用固定式的针杆，主要是为了避免针杆在机器运转的过程中产生惯性而随着机器运转，固定式的针杆自身不能运转，而是靠安装在针杆倒杆上的针夹的活动而运动的。高速包缝机固定式针杆机构见图 4-7。

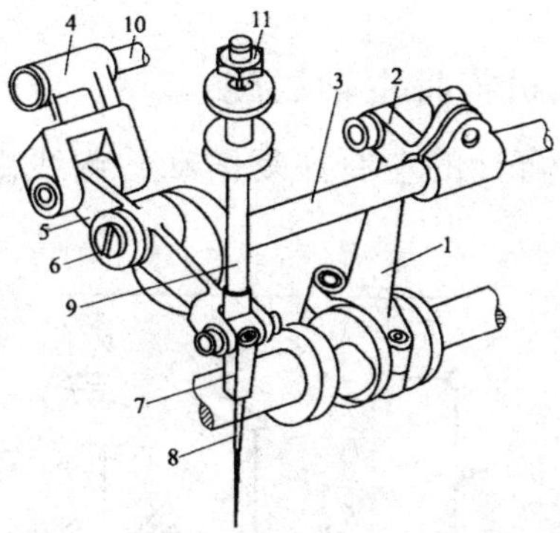

图 4-7　高速包缝机固定式针杆机构

1—针杆连杆　2—针杆摆轴曲柄　3—针杆摆轴　4—针杆曲柄　5—针杆杠杆　6—针杆杠杆螺钉　7—针夹　8—机针　9—针杆导杆　10—针杆曲柄销　11—针杆导杆螺母

（二）压脚机构

压脚机构的作用主要是将缝料紧压在针板的平面上，保证缝料和送牙床之间产生足够大的摩擦力，促使送料牙准确地推动缝料，协助送料牙完成送料任务，见图 4-8。

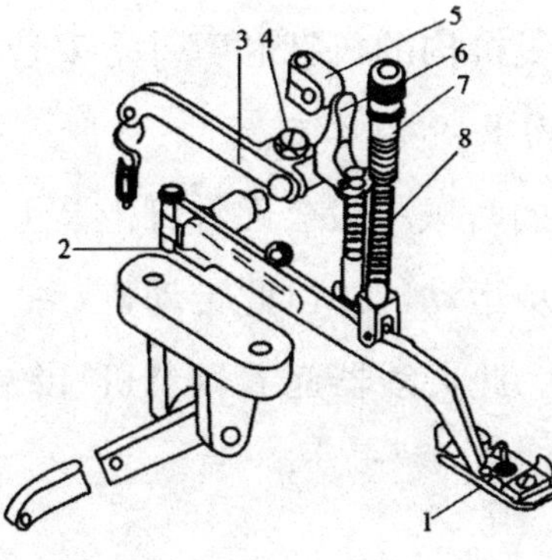

图 4-8　压脚机构

1—压脚定位块螺针　2—压脚架曲柄　3—抬压脚吊板　4—紧固块螺栓　5—抬压脚紧固块　6—抬压扳手　7—调压螺栓　8—压杆簧

（三）钩线机构

包缝机的钩线机构将主轴的旋

转运动转变为上下弯针的左右往复摆动，钩线机构简图见图 4-9。

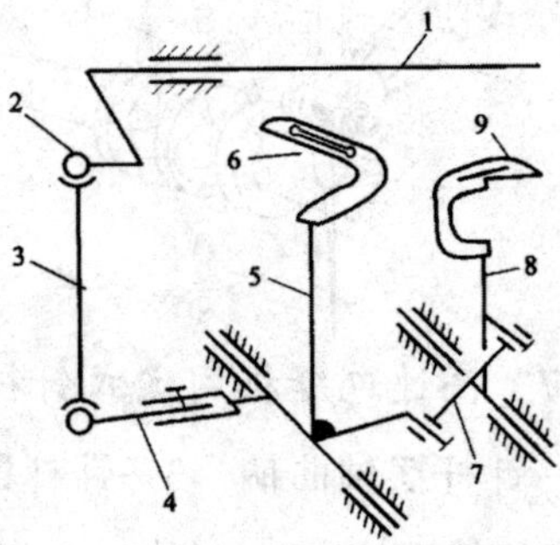

图 4-9　钩线机构简图

1—主轴　2—弯针球曲柄　3—球副连杆　4—可调摆杆　5—上弯针架　6—上弯针　7—连杆　8—下弯针架　9—下弯针

（四）挑线机构

包缝机的挑线机构是为包缝机提供缝线的装置，它要进行适时的收线和放线，满足机器运转的实际需求。但是由于具体缝制要求的不同，机器的运转很难使每根缝线都符合机器运转时机针和弯针所需的张力要求，所以要在挑线机构的机针和弯针上安装各种挑线组件，满足机器运转的实际需求。

1. 针杆挑线组件　包缝机在使用的时候一般会在针杆上装上一个小夹线器，它可以和针杆进行同步运动，并以此带动机针的上下往复运动。在机器的运转过程中，此夹线器起着调节机针线松紧和稳定缝线的作用。

2. 上下弯针挑线组件　包缝机的弯针上都装有挑线组件。上弯针架上装有下弯针挑线钩，下弯针架上装有上弯针挑线钩。当上下弯针随着机器的运转而摆动的时候，两个挑线钩也开始摆动，控制对方弯针的进线量。以上弯针为例，当上弯针向左运动钩取下弯针的线环时，挑线钩向右边摆动，放松缝线。当上弯针返回的时候，挑线钩又随着它的运动而拉紧缝线。下弯针的工作机构和上弯针相同。

（五）切刀机构

切刀机构的主要作用是驱动上刀在下刀的配合下切去缝料的毛边，保证线迹的合适宽度。GN3-1 型切刀机构是平面曲柄摇杆机构，其工作原理如图 4-10 所示，当主轴转动的时候，上刀偏心轮 2 就可以带动连杆和上刀架，绕着短轴进行上下摆动，从而使上刀片相对下刀片（固定在机壳上）进行上下运动来切掉缝料的余边。

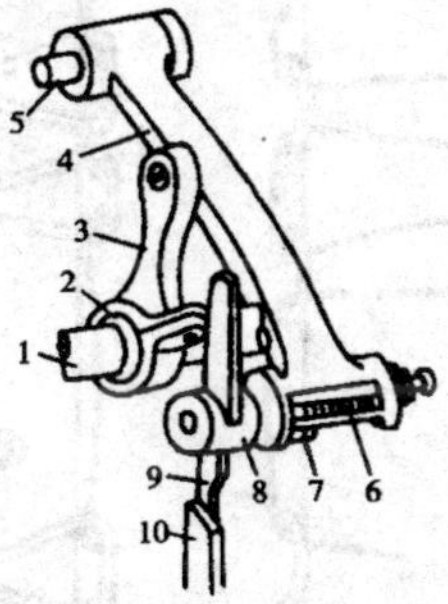

图 4-10　GN3-1 型机切刀机构

1—主轴　2—偏心轮　3—连杆　4—刀架　5—短轴　6—弹簧　7—紧圈　8—刀夹头　9—上刀片　10—下刀片

五、故障维修

由于包缝机是一种结构相对复杂的机器，在使用的过程中就会出现各种各样的问题，影响工作。当出现各种机器故障时，要根据机器的构造原理、故障部位、故障表现等进行具体的分析，及时确定故障的原因，找出排除的具体办法。包缝机的常见故障主要有跳针、断针、断线、线迹不良等。

（一）跳针

1. 故障表现　包缝机跳针现象分为下弯针线、上弯针线、二弯针交叉线和链线四种跳针情况。

①上弯针故障的主要原因是机针没有插入弯针。其表现形式如图 4-11 所示。

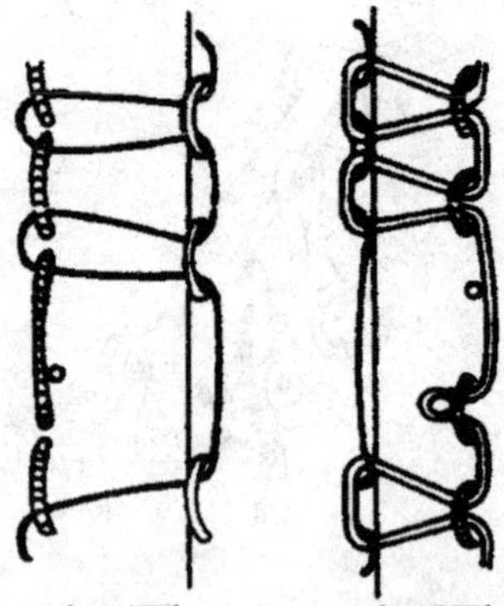

图 4-11　跳上弯针线

②下弯针故障的主要原因是下弯针没有挂上切刀机构的机针。其具体的表现形式如图 4-12 所示。

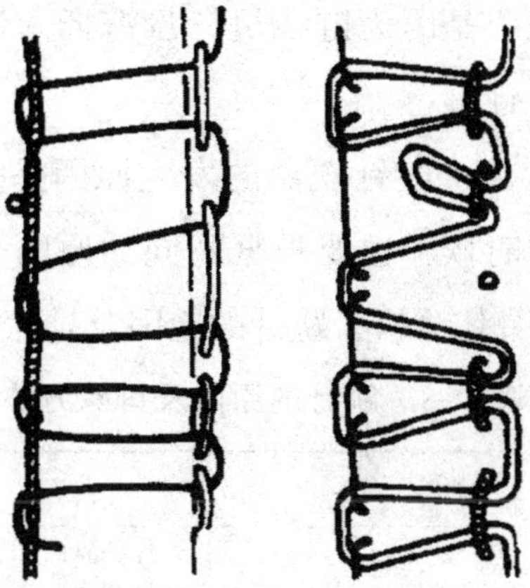

图 4-12　跳下弯针线

③二弯针交叉线跳针故障主要是因为上弯针没有挂上下弯针缝线。其具体的表现形式如图 4-13 所示。

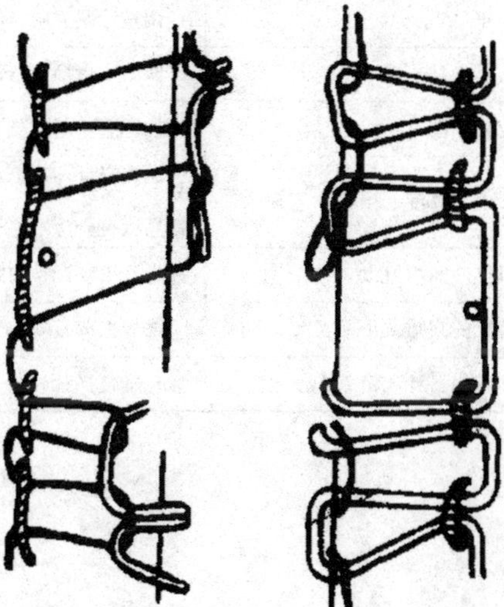

图 4-13　弯针交叉线

④链线跳针主要是因为链线机针没有插入链线钩针或链线钩针没有挂上链线机针。

2. 故障排除方法 跳针现象的发生原因是多种多样的，所以在进行具体维修的时候，也要根据不同的原因采用不同的维修方法，做到具体问题具体分析，跳针的原因及排除方法见表4-8。

表4-8 跳针的原因及排除方法

故障	产生原因	排除方法
上弯针跳针	机针弯曲	调换机针
	机针与上弯针定位不准	调整定位
	机针与上弯针间隙过大	调整间隙
	机针安装不良	重新安装机针
	上弯针线的张力不松	调整上弯针线的张力
下弯针跳针	机针弯或针尖毛	调整机针
	针眼方向不正	调整针眼方向，使机针长槽对准操作者
	下弯针针头不尖	修磨或更换下弯针针头
	机针高度定位不准	按标准重新定位
	下弯针返回量、高度（半径）不对	调整机针与下弯针尖左极限尺寸和下弯针高度符合标准
	下弯针与机针的间隙过大	按标准重新调整间隙
	护针挡与机针的间隙太小或太大	按标准调整间隙
	针和缝线选择不当，针太粗，线太细	正确选择针和线

续表

故障	产生原因	排除方法
上、下弯针交叉时跳针	上弯针与下弯针相交处的间隙太大	调整上弯针或下弯针的安装位置
	上弯针针尖已经磨钝	更换上弯针
	下弯针背面凸出部分有严重磨损	更换下弯针
链线跳针	链线直针弯曲	更换新直针
	链线直针安装不正确	重新安装
	链线钩针定位不准	按标准重新定位
	链线挑线杆位置未调好，使链线钩针的线收不上，不能产生线环	调节链线挑线杆位置，达到缝料间断时出辫子线迹
	链线钩针线夹线板压力太松	微量旋紧链线钩针线夹线板螺母
	链线钩针的返回量或高度不正确	按标准重新调整

（二）断针

断针故障的产生大多是由针杆的位置太低，推拉缝线和线辫时用力过大等原因造成的，在维修的时候要分析故障发生的具体原因，准确地排除故障。常见断针现象的维修如表 4-9 所示。

表 4-9 断针的故障分析及其维修

产生原因	维修方法
机针安装不良，有松动或歪斜	重新安装机针
机针、上弯针、下弯针相互之间的配合间隙过小	检查后正确调整三者之间的配合间隙
机针穿过针板孔时不居中，碰针板	调整针板或将针板孔磨大
压脚底面不光滑引起缝料阻滞而挤断	对压脚底面打磨、抛光

续表

产生原因	维修方法
压脚松动、偏移而碰针	重新固定好压脚
送料牙或差动牙运动不准确而碰针	检查并进行调整
送料牙或差动牙的送料动作推迟	重新调整两牙与机针的运动配合
送料牙或差动牙松动而碰针	重新固定好两牙
缝制厚料而选用细针	正确选用机针
缝线粗细不匀，粗节处堵针孔	选用质量好的缝线

（三）断线

包缝机断线的种类可以分为断机针线、上弯针线、下弯针线、连线机针线和链线弯针线五种。主要的故障原因和维修方法如表 4-10 所示。

表 4-10　断线故障产生的原因及排除方法

故障现象	产生原因	排除方法
断机针线	1. 机针线夹线板压力过紧	1. 旋松机针线夹螺母
	2. 机针孔有毛刺	2. 更换机针
	3. 下弯针针尖磨毛	3. 修磨下弯针针尖或调整下弯针
	4. 送布牙有锋口	4. 修磨或抛光送布牙齿面
	5. 面线过线孔不光滑	5. 修磨或抛光过线孔
	6. 针碰针板孔	6. 按标准调整针板孔与针间隙
	7. 线质量不好	7. 换新线
	8. 针细线粗	8. 换相应针或线
	9. 机针过热而烧断线	9. 加冷却装置，或在缝线上加硅油，或降低机器转速
	10. 护针挡碰针	10. 重新调整护针位置
断上弯针线	1. 线路穿错或上弯针线夹板压力过大	1. 按穿线图正确穿线，调整合适的压力
	2. 上弯针孔有毛刺	2. 用弦线涂上研磨膏将上弯针孔磨光
	3. 压脚小舌有毛刺	3. 用 0 号砂布将压脚小舌毛刺磨光

续表

故障现象	产生原因	排除方法
断下弯针线	1. 缝线穿错或压线板压力过大	1. 按穿线图正确穿线，调整合适压力
	2. 下弯针孔有毛刺	2. 修磨小针板，使其光滑无毛，并将下弯针高度适度放低
	3. 压脚小舌有毛刺	3. 用弦线涂上研磨膏穿进下弯针针眼内，将孔拉光滑或用细砂布磨光

(四) 线迹不良

线迹不良就是一般所说的乱花现象。又可以分为两种情况，一种是线迹过松导致的缝料线迹漂浮，另一种是线迹过紧导致的缝料的起皱，如表 4-11 所示。这两种线迹形式都是不合格的，应当排除。

表 4-11 线迹不良产生的原因和排除方法

故障	产生原因	排除方法
包缝时机针线松	机针线夹线板压力过松	旋紧机针夹线螺母
	机针线出线量过多	调整机针挑线针
	下弯针线夹线板压力过紧，致使机针被拉下去	旋松下弯针线夹线螺母或调节下弯针挑线杆
包边时机针线紧	机针上挑线出线量不够	将机针上挑线杆移出一些，使每针送出足够线量
	机针线夹板压力过大	旋松机针夹线螺母
	下弯针出线量过多或下弯针线夹线板压力过小	减少下弯针出线量或旋紧下弯针线夹线螺母
上弯针线紧或松	上弯针位置未调好，过高或过低	按标准重新调整
	上弯针线夹线板过紧或过松	旋松或旋紧上弯针线夹线螺母
下弯针线紧或松	下弯针摆杆位置未调好，过高或过低	按标准重新调整
	下弯针线夹线板过紧或过松	旋松或旋紧夹线板达到微量压力即可，绝不能有过大压力
链线钩针线紧	链线钩针出线量不够，造成机针线被拉下来	加大链线钩针出线量
	链线钩针出线时间提早或延迟	按标准调整出线时间

第五节 绷缝机

一、概 念

绷缝机是由两根以上直针和一个弯钩构成的成缝器，绷缝机形成的线迹具有很好的弹性和强力，线迹约呈扁平状，适用于缝制睡衣、内衣、裤子以及各种汗衫等。绷缝机是特种缝纫机的一种，由于它的缝纫线迹为链式缝纫线迹，所以十分适合进行针织服装的滚领、滚边、摺边、绷缝、拼接缝和饰边等。

二、绷缝机的结构及用途

1. 绷缝机的输送动力系统　绷缝机的输送动力系统是缝纫机得以正常运行的一个重要组成部分。为了适应绷缝机用于缝制针织面料的特点，绷缝机的送料牙一般有前后两组，这两组送料牙处于相互独立的状态，可将前后两组送料牙的输送动作调整同步，或使之有快、慢的分别。当缝制弹性较强的针织面料和二层轻薄针织面料时，可以通过调整使送料牙送料速度比差动牙送料速度快，或送料牙送料速度比差动牙送料速度慢，正确调整好送料牙与差动牙的送料速度，能使缝制后的衣料减轻拉长和皱缩变形程度，使之美观。

2. 机头型式设计　一般较为常用的绷缝机的机头型式都是高台型的，但是，为了适应多种工序使用的要求，绷缝机的机头又逐渐发展出了圆嘴绕臂型、圆嘴出臂型和圆嘴入臂型。高台型绷缝机头可适用于缝制长缝口线迹的平面裁片；圆嘴绕臂型是为缝制袖口滚边或折边的边缘而设计的；圆嘴出臂型用于缝制筒状部位的缝口，如袖底侧缝口、裤侧缝口的缝制；圆嘴入臂型是为缝制内裤底裆缝口而设计的。另外，高台型机头有的可以配备有斜角型的设计，用来配合进行不同形状裁片的缝制。为了增加缝纫机件的用途，有的也在绷缝机的机头右方设计一个缉缝附件（车缝辅助器）的安装位置。在滚边操作的时候，可以使缉缝附件能接连在针板的右方配合缉缝。

3. 外形设计　绷缝机一般可以分为平台式绷缝机和筒式绷缝

机两种类型。平台式绷缝机是绷缝机的基本机种，可以进行卷边缝制，适合各种运动衫、内衣裤、袖口的卷边缝制。筒式绷缝机适用于缝制针织内衣、运动衣裤、T恤衫、胸罩、束腰裙、松紧带等各种弹性织物的领口、袖口等。平台式绷缝机作为基础的缝制绷缝机，还可以派生出品种繁多的机型，用来配置多种不同的配件，来完成不同的操作。这使得它的使用范围进一步扩大，可以用于内衣衬裤、棉毛衬裤、运动类衣物、T恤、男女内裤，也适合缝制各种款式的针织时装、针织外衣、牛仔衣物等，能进行滚边、滚领、松紧带拼缝、蕾丝花边的装饰、曲牙边等的缝纫，是大型生产工厂必备的缝纫设备。

4. 绷缝机在生产工序上的应用

（1）做滚边车缝　把裁片的毛边包裹车缝的时候，如果用光滚边的方式，缝口上的缝料或者层数比较多，就会非常厚，如果用于贴身衣服的缝制就会影响穿着感觉。假如应用绷缝机缝制的602（二针四线绷缝）或605（三针五线绷缝）线迹，把捆条的毛边包缝，则可以将缝口上的缝料层数由五层减至三层，也可

以采用406（二针三线绷缝）或407（三针四线绷缝）线迹（把绷缝机的面覆盖装饰线去掉即可由602线迹变成406线迹）。假设在绷缝机上安装车缝辅助器用于滚边操作，就既能减薄缝口的厚度，又可以提高机械的操作效率，提高劳动生产率。

（2）包缝后再绷缝　在制作针织衣服的时候，经过包缝之后的线迹的缝份十分凸出，并不服贴，为了使衣服缝制之后更加地平服，可以在包缝操作之后再用绷缝机进行线缝的缝制，使凸出的缝份服贴，这道工序的操作多配用特别的针板与压脚，以固定缝口，使操作更易控制。

（3）绱花边的缝制工序　由于绷缝设备的两针或者三针之间有一定的宽度，缝线呈网状，所以可以用来覆盖花边带条直接驳缝在裁片上的缝口。就不需要另把裁片的边缘摺入来防止衣物散边。这种缝制方法既可以减少缝口的厚度，同时可以使穿着的衣物更加舒适。所以常用于女装针织内衣裤的缝制。

（4）摺边绷缝工序　为了减薄摺边缝口的厚度，成衣的边缘经常是先利用包缝线迹包缝，然后再做暗线挑脚处理或单摺缉缝，如裤脚、裙下摆、袖口等，这样可以减少因弯位双摺边缉缝而常出现的扭边现象。这种处理一般需要包缝和缉缝两个工序才可以完成，但是如果换用二针三线绷缝线迹，将成衣单摺边绷缝，可以提高生产效率。

（5）弹性面料缝制　绷缝机具有线迹伸缩性特别好的性质，所以特别适合用于弹性面料衣物的缝制，可以取得相比于其他缝制方法更好的效果，在生产上一般用于针织T恤、内衣裤等衣物的缝制。此外，绷缝线迹可用于装饰，还可减少摺边的厚度，而且操作容易，不需摺烫明贴袋边缘的缝份就能直接把贴袋裁片缝上，可以节省操作工序及时间。

通过上面的叙述我们可以看出，绷缝机作为一种专业的缝纫机械，可以发挥很好的缝制功效，在使用绷缝机的时候，配合使用各种类型的机头以及不同的辅助缝制设备，可以很好地满足多种缝制工序的要求，更好地发挥绷缝机的功效。

三、绷缝机线迹

绷缝线迹是由机针的上线与下弯针的下线穿针纫套，上下线互链成环的线迹形式。在实际的操作过程中，机器开始转动后，机针下扎，引上线穿透缝料，到达针板下方的时候又和穿有下线左右摆动的弯针进行配合穿针纫套。

在机针向下运转到极限位置时，下弯针摆动的位置应为3.5

毫米，机针上升时摆动的下弯针钩尖与机针相遇，交点应在针孔上端2毫米处，下弯针纫上机针的上线，与送布牙同时向前移动，使机针上线和下弯针的下线，在下弯针钩体上形成一个三角形的线环。当第二针下扎时带着上线的机针，正好扎在下弯针钩体的三分之一处，也就是三角形环的中间。然后下弯针摆动脱套，协同送布牙一起向前移动及下弯针纫机针线环及机针扎下弯针线套的顺序动作，形成一个线迹。绷缝线迹的构成需要多个部件的协调动作，是与个体机件间的密切配合分不开的。

1. 双针三线绷缝机线迹　双针三线绷缝机分为平式操作和筒式操作两种类型，筒式机器一般是用两根上针线和一根下弯针线，穿针纫套编织成线迹的，一样在针织厂使用。如果在双针的针夹中间加上一根针，就可以变成三针四线的编织线迹。

平式操作机分为高台式机型和平板式机型，虽然两种机型的外表有差异，但是缝制后的线迹类型是一样的，适合不同加工工艺要求的服装缝制。当开动机器的时候，两根机针带上缝制线下扎，穿过压脚下的缝料，然后就可以将上线引到下面，与下面摆动的带下线的下弯针穿针纫线（一个下弯针同时要穿纫两根带上线的机针），当机针下扎到达极限位置时，机针返回，下弯针的钩尖要在机针针孔的上端，机针与钩尖的前后距离保持在0.01~0.05毫米。面线是直针线迹，背面为交叉编花线迹。

2. 两针四线绷缝机线迹　两针四线绷缝机分为筒式机型和

平盘式机型，主要是通过两根机针带着上缝制线扎入上码线拨叉线环内，然后再扎入缝料与一个带有下线摆动纫线的下弯针配合穿针纫套，形成编织花线的线迹。由于这种绷缝机的缝料布面多了一根可装饰的缝制线。所以称为两针四线绷缝机。两针四线式线迹十分耐磨，具有很好的装饰和加固服装的功能，用于服装明线缝制的时候外形美观，经常用于T恤、衬衫、汗衫、内衣等服装的缝制。

如果不改变两针四线的机械结构，单是在机针的针夹上加入一根机针，这样形成的线迹就可以用于内衣裤的缝制。

十分常见的绷缝机国产机型为西安标准1030绷缝机，这种机器带有装饰性的线迹，无论是二针四线还是三针五线，都可以在服装生产中加在羽绒服、夹克衫、女士外衣等服装的制作过程中。作为装饰性很强的明线线迹，十分美观和大方，受到大家的欢迎。

四、调试技巧

1. 机针与弯针配合时机的调整　在调试绷缝机的时候，我们首先需要确认的是机针在机器运行过程中的位置。当机针下降到最低点时，弯针必须向右移动到最远的位置；同样当机针上升到最高点时，弯针必须向左移动到最远的位置，要反复观察确认。

弯针除了要进行左右移动外，还要进行前后运动。要注意使弯针前后移动最快的时候处于弯针左右移动的极限位置，而且要保证弯针向左移动到达机针位置时弯针前后移动的动作最小。机针的调整还要兼顾左右极限位置的调整，避免弯针向左移动时剐蹭机针，又要防止弯针向右移动时剐蹭机针过多。当然还可以配合调节弯针前后移动量的大小和稍微顺时针旋转一点针杆角度来达到最佳效果。可以根据机器的具体情况调节弯针前后移动的距离。当机针下降到最低位置时，弯针尖距离右机针为3~4毫米。当机针上升的时候，弯针开始向左移动，当弯针尖到达右机针中心时，弯针尖的下部正好位于机针针眼上边2.5毫米的位置。此时弯针与机针之间的间隙保持在0~0.05毫米。

当机针下降到弯针背面时，左机针的针眼正好和弯针头部的穿线孔汇合。此时弯针的背面轻微接触机针，但是要防止剐蹭，接触的程度越轻微越好。

2. 前后护针的调整　在进行前后护针调整的时候，要保证前后护针从调整人的方向看上去是与机针的针尖连成直线，为了在机械运行的时候避免机针抖动，影响护针，护针靠近机针的一侧应适当倒角。前面（靠近操作者一侧）的护针既要起护针作用，同时也要起阻挡缝纫线在机针针眼前面（靠近操作者一侧）形成线环，保证机针针眼后面的线环顺利形成的作用。后护针既要起护针的作用，又不可以阻挡线环的顺利形成。由于各个公司使用的都是不同的生产厂家以及不同型号的机械设备，所以前后护针在调节的时候很难达到理想的调制范围，但是维修和调试人员要遵循调试的具体要求，尽可能向需要遵循的原则靠拢。

在机针开始向下移动时，前后两个护针要向远离机针的方向移动。当机针从最低位置上升时，前后护针转而要向靠近机针的方向移动。当机针下降到护针位置时，护针要可以躲开机针，防止与机针剐蹭。当弯针尖向左移动到右机针位置时，前后护针开始起作用，前（靠近操作者一侧）护针与机针之间的间隙为0.1~0.3毫米，后护针与机针之间的间隙为0~0.1毫米。

3. 弯针线挑线凸轮的调整　各个厂家设计的弯针线挑线凸轮的大小和型号等存在一定的差异，如果机械使用不当，也可能会造成机械的跳线或者使机械的使用和维修产生难度。弯针线挑线凸轮一般可以起到的作用是：当弯针向左移动时，适时且足量地给弯针提供它移动和编织线迹需要的缝纫线，当弯针向右移动时，适时地收回多余的缝纫线。

需要特别注意的是：为了便于机针进入弯针背面的三角线环，需要确保弯针线挑线凸轮在机针进入三角线环时使弯针线处于张紧的状态。但是也要注意适度的原则，如果张紧过度，可能会造成弯针线断线和弯针线过紧等情况。

弯针线挑线凸轮的正确调整标准是：机器运行之后，当机针开始向下运动，左机针的针尖到达弯针下沿的时候，机针的针尖正好进入了三角形的线环，弯针线挑线凸轮上的弯针线位于挑线凸轮的最高点。

一般可以对弯针线挑线凸轮运动的快慢程度进行适度调整，但是其快慢程度和缝制成品的质量之间存在一定的关系，一般按照自身旋转方向调快，则显得弯针线张力较为松弛，反之显得弯针线张力较紧。

4. 绷针和绷针过线板的调整　对于某些绷缝机，在使用之前可以根据实际的工作需要对绷针和机针的配合时机进行调节，从而达到更好的使用效果。例如通宇 F007 三针五线绷缝机就可以通过调整绷针凸轮（F00710004）相对于上轴前节（F00708001）的角度来达到调整绷针与机针的配合时机的目的。时机调整的目标是保证机针下降之后，右机针进入绷针线环的时候，绷针才可以朝右运动。绷针摆动幅度的调整必须要注意以下事项：

当绷针摆动到最右位置，向左返回时能钩住绷针线，当绷针摆动到最左边时，绷针尖到左针的距离为 4.5~5.5 毫米。

安装绷针的时候要尽可能保证合适的安装高度，确保绷针上面和绷针过线板下面之间的间隙能使绷针线顺利通过。

绷针过线板的安装高度应能使绷针线在机针上升到最高点时在右机针下顺畅地滑到右机针针尖的后面（远离操作者一侧），使右机针下降时非常容易地别住绷针线。

当绷针尖摆动到左机针前面时，左机针与绷针尖之间的间隙应为 0.5~0.8 毫米。

5. 送布动作的协调　绷缝机送布动作的准确与否直接影响到发生跳针现象的概率，在机器运转方面，送布动作的实现一般和送布牙高度、压脚压力、差动送布情况、针距密度、使用速度等因素具有密切的关系。

一般来说，弯针背面三角线环的稳定离不开送布动作的稳定和挑线凸轮的正确配合。如果送布动作不稳定，三角线环就会变形或者忽大忽小，机针就难以正确地进入三角线环内。

调整送布牙高度要掌握的原则是当送布动作完成时，送布牙要完全从针板下面返回，一点都不许有使缝料倒退的动作。合适的压脚压力则可以保证缝料不会向操作者的方向打滑。

在缝制弹性很大的布料，或者操作人员用大力向自己的怀里拉拽缝料的时候，都要适度加大差动送布量，保证机械的正常运转。针距小则三角线环也小，所以针距密度要适当，并且在可能的范围内宜大不宜小。

缝制的速度虽然是快一些好，但是速度不要过快，否则会导致缝线发飘，或者影响压脚的固定。

第六节 锁眼机

锁眼机又叫钮孔缝纫机，是服装生产的一种专用设备，它专用于缝锁服装的钮孔。锁眼机生产效率高，为大批最生产服装提供了极为有利的条件。因此，它被广泛地应用于服装行业。

锁眼机在服装加工过程中虽然只担负着完成一道工序的任务，但却是缝纫设备中结构最复杂的一种，服装钮孔缝制的质量，直接影响着服装的牢度和外观。

一、类　型

锁眼机是一种广泛应用于服装缝制的机械类型，主要可以分为平头锁眼机和圆头锁眼机两种类型。而这两种类型又可以进一步分为收尾和不收尾两种。锁眼机一般用于服装纽扣的加工，圆头锁眼机是一种专门用于锁缝中厚度的服装面料的缝纫机，其特点是钮孔形状美观，线迹均匀结实。

二、结　构

锁眼机系统一般由八大机构组成：送料机构、钩针机构、针杆机构、绷料机构、钩梭机构、上刀机构、滑台机构、分线机构。每个工作机构都具有自己独特的功能，在机械的运行过程中既相互独立又联合成为一个整体。只有各个部件密切配合和协调动作，才可以保证机械的正常运行。

锁眼机一般采用摆动针杆、双弯针、双叉针钩线、双线包缝复合链式线迹。锁眼机配置的弹性压脚结构可以根据不同织物的厚度情况而自动夹紧。操作者能非常简单地通过调换两个凸轮来实现缝制各种形状、大小的钮孔。面线自动切割装置，方便了操作，并留下适当的始缝所需的面线长度，确保钮孔缝制。

三、发展现状

随着我国服装产业的发展，我国的服装机械市场也在不断地扩大。我国每年纺织机械进口总值都数额巨大。推进我国服装企业的优化升级和服装产业的机械化进程，更加需要机械设备的支持。在目前的情况下，加快建立我国的服装专业大型市场，是我国服装产业发展的要求。

锁眼机是用于纽扣缝制的一种专业设备，它的使用可以大大方便服装缝制，节约时间，提高缝制效率。但是十几年前，我国锁眼机的生产领域还是一片空白。虽然现在我国有了自己的锁眼机生产企业，但是机械的创新和自主研发能力不够，很多产品都是对于欧美各国的仿制品，这就大大降低了我国相关产业的市场竞争力。近年来，中国的缝制设备行业进入了前所未有的蓬勃发展阶段。国外的先进技术被引进，国外现代化的管理模式被吸收。国产设备的性能、技术也有了大幅度的提高，机电一体化的进程也在加快。国内很多企业也加大开发力度，确保设备的稳定性和技术的先进性。目前，我国几个知名品牌的设备更是获得许多知名服装企业的高度认可。

服装产业的发展不是独立的，它离不开服装机械以及辅助材料的辅助。我国服装产业如何通过不断发展本土的服装机械行业，进而获得世界知名度和较高的世界市场销量，是我国的服装机械行业发展面临的主要问题。产品的发展靠的是品牌的力量，而品牌则靠的是质量和技术，没有先进的制作技术，没有自己的创新，创作世界名牌就是一句空话。

服装企业是个体企业，但是全球服装产业却是一个整体。这个整体的发展和进步是建立在全球产业链信息的共同分享和合作互补的基础上的。虽然国际服装行业之间的竞争时刻存在，并且也是无法避免的，但是只有懂得合作的人才可以获得发展和共赢。各个服装企业在充分享有自己的优势资源的同时，进行国际和国内的合作和互补，在合作的基础上进行竞争，在竞争的同时寻求合作，这才是服装产业进步和发展的途径和方向，只有这样才可以为企业的长远发展求得稳定的出路。国际服装优势资源的整合在推动服装行业企业的进步和发展之外，更突出的作用是提升了服装产业的发展速度。

缝制设备的研发需要模仿，但是模仿并不是机械制作的终极目的。服装缝制机械是一种十分复杂的机械，其关键装置和部件的结构一般也都十分复杂。所以，在学习国外先进技术的同时，做好本企业的科技开发和部件研制工作，才是企业发展的必然途径。现代经济发展的主要动力是科技，而不是模仿。单靠模仿别人是不会有出路的，在国产机械发展的道路上，尽可能多地利用先进的电子科学技术，通过专业团队的研发来发展和完善自己，是我国的服装行业发展的必经之路。

四、断线问题的解决

锁眼机是服装行业经常使用的设备之一，如何进行机械故障的排除是每个工厂都会遇到的问题。这就要求工厂具有专业的维修人员，掌握机械的专业结构类型和原理，善于分析机械发生故障的原因，才能更好地进行机械故障的排除。平头锁眼机是锁眼机的主要类型，我们下面以平头锁眼机为例来分析机械故障及其排除方法。

断线是机械运转过程中经常发生的故障之一，很多原因都可以导致断线的发生：机械长时间使用后零件磨损、机械维修不当、机械操作人员的操作失误等。

重机 781 平头锁眼机正常缝纫时，由低速转向高速缝纫，或者是加固缝和改变缝制针位时，往往容易发生断面线的故障。下面分别分析该机在正常缝纫中断面线故障的原因及几个维修要点。

①检查底线、面线的张力调整是否合适。确定缝线的张力时要参考多种因素，包括缝线的粗细、缝料的具体差别以及其他可能影响缝线张力的因素。在实际工厂中一般都是依据缝纫出来的线迹来调节底面线的张力，一般底线在 60~80 克，面线在 120~200 克，才能得到正常的线迹。

②旋梭的质量问题。旋梭质量的好坏是影响缝纫性能的关键因素，断面线情况的出现一般和旋梭有关系。在检查旋梭的时

候，一般要在取下之后用手轻轻地转动旋梭，如果可以十分容易地转动，没有明显的响声，轴向、径向间隙都很小，说明旋梭质量好。旋梭尖往往会被机针扎毛，长时间使用的旋梭尖会变钝，如果旋梭尖有毛刺，可用细砂纸处理毛刺，而变钝的旋梭尖可用油石修磨，再用汽油清洗干净。

检查旋梭过线的部位有没有毛刺出现，如果有毛刺，一般都会影响过线的流畅度，这个时候可以用修磨、研磨等方法解决，否则就很容易造成面线拉毛或断裂。旋梭经过修磨后，必须进行清洗，装配好后，加点机油，使其转动灵活后，按要求装在下轴上，用手转动上轴皮带轮试缝一下，并检查面线经过旋梭和梭壳底缺口下方有无受阻现象。若有受阻现象，那么我们要合理地修磨，以达到过线轻滑的效果。

③检查机针和缝线的配合是否协调。影响机针和缝线配合程度的一个主要因素就是缝线的选择。一般来说，在选择缝线的时候，都要按照说明书的规定进行挑选，即面线用左旋线，底线用左、右旋线均可。

④检查机针是否弯曲、变形，针尖是否变毛、变钝，针孔是否有毛刺。在进行机针检查的时候，可以把机针放在台板上，然后按照机针的针柄进行滚动，并注意观察机针和台板之间缝隙的大小。如果缝隙在滚动的时候发生变化，时而大，时而小，说明机针已经发生弯曲变形，需要尽快更换机针。检查针孔是否有毛刺，可穿进一根缝线，来回多拉几次，看缝线是否会被割断或拉毛，如果不符合要求，应更换机针。

⑤检查各过线道零部件是否有毛刺或不光滑。在机械运行之前要认真做好各个过线道零部件的检查工作，发现有毛刺或不光滑的现象，可以用细砂纸或研磨膏进行抛光。不能修复的零件需要更换新的。

除了上面我们所讲的断面线的故障之外，对夹线器上挑线簧的强度和行程也要进行合理的调整，确保一切无误之后，才可以进行正常缝纫。

五、维修与调整

我们以 781 平头锁眼机为例介绍平头锁眼机的维修与调整。

1. 针杆、挑线、勾线机构与旋梭的配合

①当针杆下降至下死点时，针杆下平面至针板上平面的间距为 13.6 毫米。

②当针杆由下死点回升 2.2~2.6 毫米时，旋梭尖勾线，梭尖与机针中心相交。

此时，梭尖高于针孔上面 1.2~1.6 毫米。同时，梭尖与机针间隙为 0.05~0.1 毫米。

2. 调节顺序

①确定针板高度、梭尖勾线、梭尖与机针间隙。

②调整机针在左右针位进行移动时的高低程度，确保机针任何时候都可以顺利地构成线环，并且被梭尖勾线。

3. 针摆、套结、复位机构

①机针的摆动应在机针退出缝料后到刺入缝料前进行，一般情况下可以把机针调节至开始摆动到摆动结束时针尖与针板具有相同的间距。在进行以上调整的时候，可以将机针降至下死点，旋松针摆小齿轮，并轻转小齿轮，使针摆凸轮的最大半径转到最右边。

②针在右基线落针时应落在针板孔中心。调整方法：将针降至下死点，旋松摆杆上的螺钉，拨动摆杆，使之落在中心。

③在机头右侧有4个螺钉（2个水平、2个垂直），水平方向的2个螺钉主要负责调节左边和右边的基线，即两个横列之间的空间大小。而2个垂直方向的螺钉则主要用于调节特定部位的主调节套结的宽度。

④左右横列的中间间距一般调整为0.5毫米左右，过小有可能切断横列线，过大会出现毛刺。

⑤适当调节螺钉，防止间距变大、横列变宽、套结变宽等现象。

4. 送料机构、压脚、松线机构

（1）运动路线　运动路线一般如下所示：

上轴转动—带动钮孔针数变换主、副齿轮—送料凸轮传动齿轮—带动送料凸轮动作。

（2）送料凸轮　送料凸轮上有一凹槽带动滚珠、从动杆等送料，停车时，滚珠落在心形凹部正中。

一半凸起、一半平的圆轨道，主要用来控制左右横列位移。

2个松线顶块的主要作用是在套结的时候，保证下夹线器可以适时张开松线。2个套结顶块，主要是用来打套结。一个落刀定时顶块的主要作用是选择合适的落刀时间。低速停车顶块的作用是在缝纫即将结束时产生低速，促使停车。

（3）2个夹线器

①上夹线器。上夹线器在机械工作的时候夹紧，然后在停车的时候松开，这就可以让打线杆拉出一部分线。开机时，因长拉杆拉动锁紧钩，使锁紧钩上连着的连杆松线曲柄、上夹线挺杆从平面上落入斜面上，使之夹紧工作。停机时，则由长拉杆推动锁紧钩，使之松开。

②下夹线器。下夹线器一般在横列工作的时候夹紧，进行套结的时候则要松开。在横套结的时候，机械的摆幅就会一定程度上增大，这时减轻线的张力，可以防止发生套结时出现断线现象。在机械停车的时候，下夹线器一般也会松开，目的是防止起针时脱线。

（4）调节顺序及配合

①停车时，滚珠落在心形凹槽正中。

②手摇送布手柄时，注意第1套结顶块开始顶的同时，第1松线顶块也开始顶。

③第2套结刚走完，第2松线顶块也顶完成，但未落下，一开机即落下夹紧。

④第2套结刚走完，低速停车顶块也顶完。

⑤第2套结即将结束，尚差2~3针时，切刀定时顶块开

始顶。

⑥要注意左右横列长短，如果发现右横列较长，而左横列较短，这就表明第1套结启动的时间太迟，要适度提早。

5. 变速制动机构工作程序

(1) 总体工作过程　脚踩踏板—启动架摆动—启动架上调节螺钉压向制动架下部的启动顶销—机器安全缝锁开始。

①制动架摆动，拉动皮带，产生高速，开始工作。

②变速杠杆因其上的压簧作用，挂到高速挡上。

③因制动架摆动，拉动锁紧钩，使上夹线器夹紧。

④锁紧钩又锁住压脚架，使抬压脚剪线机构等暂不工作。

(2) 停车和低速的调整

①距缝纫结束7~8针时，低速顶块开始发挥作用，它开始向下顶，引起变速杠杆脱挡（高速挡落入低速挡）。同时，在拉簧作用下，制动架开始轻微摆动，拨动低速皮带进入低速带轮上，高速皮带进入滑动轮上，降低机器运行速度。

②低速停车顶块转到最高点时，变速杠杆再次脱挡（由低速进入空挡），同时，由于拉簧的作用，制动架再次摆动。所以低速皮带也被拨到了滑动轮上，高速皮带从原滑动轮右端运动到左端，其间尚有制动减速弹簧板卡进制动盘曲面上，减速后，由制动定位块卡进定位凹槽进行制动定位。

(3) 调整要求

①用手动送布曲柄转动机器，将变速杠杆由高速挡转到低速挡后，调节制动架顶块与变速杠杆顶块的间隙为0.2~0.5毫米。

②制动缓冲大弹簧的弹力一般调整为螺柱伸出螺母 10~15 毫米。

③启动架的调节螺钉头部与制动架下部的启动顶销的间隙应调为 0.5~1 毫米。

④制动缓冲弹簧前端与制动凸轮盘的距离应调为 0.5 毫米。

6. 切刀和剪线机构

(1) 切刀

①切刀顶块不是独立进行工作的，它一般是由底下送料凸轮上的落刀定时顶块进行控制。切刀顶块的工作时间一般是在缝纫结束前 2~3 针的时候，即一般第 2 套结顶块的工作即将完成的时候，切刀顶块才开始自己的工作。

②上轴对切刀的带动是切刀的动力来源。

③切刀位置要保持在两横列间距正中，避免切到套结线迹或横列。

④切刀落点要保持在针板槽正中。

⑤切刀的动作过程。

a. 落刀定时顶块上顶，使落刀顶杆向上顶，这时落刀顶架开始按照顺时针的方向进行摆动并进而推动落刀曲柄顺时针摆动。

b. 落刀定时顶块落入落刀顶块和落刀顶架之间，落刀曲柄按照逆时针方向返回，使落刀曲柄下面的突头落入落刀顶块和落刀顶架之间，落刀曲柄逆时针摆动过程中，其凹部刚好与上面落刀摆架的突出部咬合。

c. 落刀摆架上摆的时候，可以拉动落刀曲柄上摆，推动拉动落刀杠杆动作，这时切刀就下落并切下缝料。

d. 切刀切下缝料后，因落刀摆架又向下动作，拉动落刀曲柄下摆，使切刀退出缝料。

e. 减速停车顶块发挥作用时，可以使机器停机。首先制动架进行制动定位的同时，长拉杆推动锁紧钩动作，锁紧钩上突出部分推动落刀曲柄使其与落刀摆架脱离，各部件回复原位（因拉簧等的作用）。

⑥调节要求。调节的时候要保证当落刀摆架摆到最低位置时，落刀摆架的突出部分正好可以卡进落刀曲柄凹部，而且这时落刀摆架下平面与落刀曲柄下平面之间的间隙为 0.1~0.15 毫米。一般可以通过调节落刀杠杆上的螺钉，使落刀曲柄摆动来实现调节的目的。

⑦注意自动停刀杆的作用。机械工作的时候，机头右侧的面线被拉紧，钢丝也被拉向夹紧器一边，由于平衡块的作用而使得自动停刀杆保持平衡。而当断面线的时候，钢丝进行摆动，带动自动停刀杆也进行摆动，它的一端就钩住了落刀曲柄，机器便不能切刀（要注意拨线钢丝与自动停刀杆的平衡配合）。

（2）剪线部分

①闭合剪线。踩踏板和抬压脚架可以造成斜面。斜面的作用：一是斜面使面剪前移；二是斜面使面剪右摆，面剪的圆柱稍碰面剪闭合挡块，产生剪线动作并夹住线头。

②张开。放下压脚，面剪刀轴等复位，开动机器向前送料，面剪联动机构前移，面剪圆柱稍又碰到面剪张开导面，让面剪

张开。

③调节要求。

a. 面剪尽量调低，防止碰到压脚。

b. 面剪尽量调后，调后的程度以可以夹住线并能剪断为宜。

c. 调节面线张开时间，使面剪张开时间尽可能晚，避免起针脱线状况的出现。

d. 面剪右摆时，最右点离切刀槽中心为 3.8~4.3 毫米。

e. 剪线后被夹住的线头在后续操作的时候要用美观的缝线包裹，不要外露，避免影响衣物的美观程度。

④反应压脚的同时，底面剪线也同时进行。抬压脚架的摆动，带动底剪摆杆左摆，拨动底剪启动杆，推动底剪推刀架，使底线拨杆拨完线，再推动动刀圆柱销剪断底线。

7. 高、低速调整

①调换钮孔的针数，主要是要变换主动、被动齿轮，一般来说主动、被动齿轮的齿数都为定值。计算公式：针数 = 137×被动轮齿数÷主动轮齿数。

②紧急停车，手柄轴上有一深一浅 2 个平面及圆面，正常位置时，顶柱落在较深平面上，就是高速运转。当手柄转动 90°时，顶柱落入浅平面，引起变速杠杆脱挡到低速位上，进行低速运转；如果转 180°时，变速杠杆再次脱挡落入空挡，机器就处于停机状态。

③在两个离合弹簧的作用下，手动送料手柄按照顺时针的方向转动，使得两离合弹簧拴紧轴，从而带动送布凸轮动作。

④当手柄反转时，弹簧无法将轴拴紧，所以无法使送布凸轮工作。因此，在发生断线或其他故障时，停车再倒回到故障点，重新工作。

8. 锁紧钩的作用

(1) 开机操作　开机时，长拉杆拉动锁紧钩使上夹线器夹紧，机器就开始运转。

锁紧钩锁住抬压脚杆，使抬压脚机构、剪刀机构等无法工作而进行安全缝锁。

(2) 停车操作　停车时，长拉杆推动锁紧钩复位。

①使上夹线器松开，便于拉线。

②释放被锁的抬压脚杆，使之可以工作。

③抬压脚杆上部突出部分推动切刀曲柄促进其与切刀摆架的分离。

9. 高、低速皮带　缝纫设备的皮带情况是需要首先明确的。从左到右主要为左滑轮、低速轮、中滑动轮、高速轮。

停机时，低速带在左滑轮上，高速带在中滑动轮上空转。

开机时，脚轻踩踏板，带动拉钩向外拉，低速皮带拉进低速轮，机器便开始低速工作。高速带则只是在中滑动轮上平移一段距离而已，并不产生实际作用。

脚继续深踩踏板，则拉钩将低速带拉到中滑动轮上空转，而将高速带拉到高速轮上带动机器高速运转。

工作一段时间后，因减速停车顶块作用，使变换杠杆换挡，由高速挡换成低速挡，此时的制动架上拉钩又将低速带推进低速轮上工作，而高速带则推到中滑动轮上空转。

因低速停车顶块的顶点推动，再次换挡，由低速状态变为空挡，此时制动架上长拉钩又将低速带推到中滑动轮上空转，将高速带在中滑动轮上平移一段距离后仍空转，这时主轴停止转动，机器停止运转。

第七节 工业缝纫设备保养

工业缝纫设备是进行缝纫操作的基础设施，在服装缝制和生产中发挥着巨大的作用。缝纫设备的运转状况，直接决定了服装行业的发展状况。所以，保证服装缝制设备的正常运转就具有十分重要的意义。而服装缝制设备的保养是保证设备正常运转的基础和前提保障。服装企业所用的设备范围广泛，一般来说，只对重点设备进行保养。保养设备的确定可以根据企业的具体情况来决定，一般应该从以下几个方面进行考察：对生产流水线工作质量的影响程度，对产品质量的影响程度，修理费的支出，对人身安全的影响程度，设备投资的大小，故障发生的频率等。缝纫设备的保养分日常保养、一级保养和二级保养。

1. 日常保养和一级保养　机器的日常保养和一级保养一般都

比较简单，只需要一些比较常用的软布和棉线等就可以了。一级保养一般都是为机器加润滑油。保养方法如下：切断机器的电源，检查机器的各个部件的工作是否正常，如果没有部件故障，就用棉布擦掉机器的台板、表面和机头内的灰尘。然后为机器加油。用油壶对机器各加油孔、运转部位和摆动部位的相互摩擦处注入缝纫机油数滴。如果是自动润滑机器，只要检查油面是否保持在上下刻度之间，低于下刻线时要进行加油，并检查油窗流油情况是否正常。为了提高机械的使用寿命，一般机器在每天的工作之后都需要进行保养。如果没有发现故障，便只需要进行一般维护；如果有部件故障，就要由维修工人进行协助。缝纫机保养方法如下：

（1）外保养　机械的外部保养一般是一些清洁和擦拭的工作。外部保养在机器操作之前和之后都要进行。去除机器上的污物，保证机器的卫生清洁。如果机壳上有锈迹，就可以用低浓度的洗涤剂进行清理。

保养中也应该清理机盘上、线架上、机盘下的各种污物，使机器外观清洁。

外保养一般也包括机器的电气部分。一般来说缝纫设备的这个部件都是结构比较简单的，保养也十分简单，在拔掉电源的情况下，维护工可以检查电机、开关、接地装置是否完整可靠，电器有无缺陷，发现问题要及时请电气技术工人维修。

（2）内保养　内保养主要是指对机壳内的零部件进行保养。内保养的主要工作是擦拭和加注润滑油。在进行保养的同时辅助进行机器运转状况的检查，发现机械故障，要由维修工人进行维修，确保机械正常运行。一般机械维护人员进行内保养时都需要加注润滑油。主要加注部位是机器的转动和传动部位，这样才可以保证机械的顺利运转，减少机械损耗和摩擦。这项工作一般要做到定人、定质、定点、定量、定时，也就是常讲的“润滑五定”。

定人，是指这项工作需要由专人完成。

定质，是指加注的润滑油的油质必须固定。当随机带的防锈润滑油使用完毕后，可参照其参数表，根据机器工作场地的温度条件换用适当型号的国产润滑油。

定点，是指器械设备需要进行加注润滑油的要提前进行确定，在操作的时候要按照要求进行加注，不要遗漏，也不要加注过满。如果有的部件长时间没有加油，就必然会导致部件的磨损和故障，影响缝纫质量和机器寿命。

定量，即加注润滑油的量要确定，各部位加注的油量是不一样的，在加注油的时候，一般有一个必须遵守的原则，那就是缝料可以接触到的部位要少加油，防止油渍沾染到衣物上，造成不必要的损失。但是如果加油量少，就要增加加油的次数，做到少量多次。而那些不会被缝料接触的部位则可以多加。

定时，即按规定时间加注润滑油。

2. *二级保养*　二级保养相对日常保养和一级保养具有更高的程度。主要是指对机器的零部件进行检查和清洗，发现部件出故障时进行修理，无法修理的要更换新的零部件，确保机器达到合适的使用精度。二级保养一般技术含量很高，需要专业人士进行。

（1）特殊润滑　特殊润滑是针对机器的特助部位以及重点传动部位进行的润滑工作。这是保证机器的核心部位正常运转的维护工作。特殊润滑相对于一般润滑更加重要，一般要做到定人、定点、定质、定量、定时。

特殊润滑的定人从广义上来讲是指明确维修工人，而对特定的一台机器的保养而言，必须是指定的一位维修工人，即保养落实到人。

定点是指加注润滑油的部位的确定性。这些部位一般是零件之间容易发生位置移动和摩擦的部位。加注润滑液，可以保证零件的顺畅运行，防止机械损坏。这类润滑液一定要由专业人员进行添加，防止出现失误。

定质是指油的质量性能要固定，如油的稠度、滴点温度、蒸发量、混合安定度、耐热性、酸性安定性、耐重荷性、耐磨性、耐水性、防锈性等都要符合要求。

定量是指加注的润滑油的量的大小要固定。缝纫机可以加注润滑油的地方都设置有润滑室，一般应按照润滑室容积的75%加注。

定时一般指每年一次，特殊情况下，如油质变坏则应及时更换，润滑油减少时应随时加注。

（2）润滑油、润滑脂使用注意事项　一般来说，每个机器都有适合使用的润滑油和润滑脂的规格，一般不要进行变换。在对其进行变换的时候也要注意前后使用的润滑油和润滑脂的规格和参数的相近性，而且在注入新的油、脂的时候一般要先把机器中原有的旧油清除干净，不要混合使用，避免出现机械运转不良等现象。在加注油、脂时不得降低零部件的配合精度，加注完毕应当进行短时间的试运转，检查机器是否正常。加注润滑油、脂可以采用手涂、油枪加压挤注等。

3. 缝纫设备的完好标准　缝纫设备的完好情况可以从以下几个方面进行检查：

(1) 各部件的精度　各种机械设备在出厂的时候会具有一定的设备精度，在自然损耗的过程中，机械的运转精度一般都会出现不同程度的下降。在进行设备维修保养的时候，需要对机器的运转精度进行检查，保证设备运转符合工厂生产的要求。

精度检查的项目主要有针杆与套筒之间的间隙、针杆上下移动的间隙、旋梭摆动间隙等。

(2) 零件的完好性　机械设备在使用的过程中不可避免地会出现不同程度的机械磨损，造成各个零件的裂痕、断裂等故障，这些情况的发生都会在一定程度上影响机械的运行和生产情况，导致加工的服装的品质下降。所以确保机械零件的完整性是十分有必要的。这方面的检查重点应包括各部位的紧固螺钉、螺栓、螺柱和各运动机件等是否缺损，所有缝线通过的部位是否形成过深的沟槽。

(3) 缝纫设备的运转情况　确保缝纫设备的操作系统处于较好的运转条件下，提高机械操作和缝制的可靠性。一般来说，涉及操作系统可靠性的检查包括各机械系统的装置齐全情况和滑动部位的运转情况、润滑系统的装置齐全情况和油路通畅情况、电气系统的安装情况和安全可靠程度等各重要方面。

第五章

机缝技术

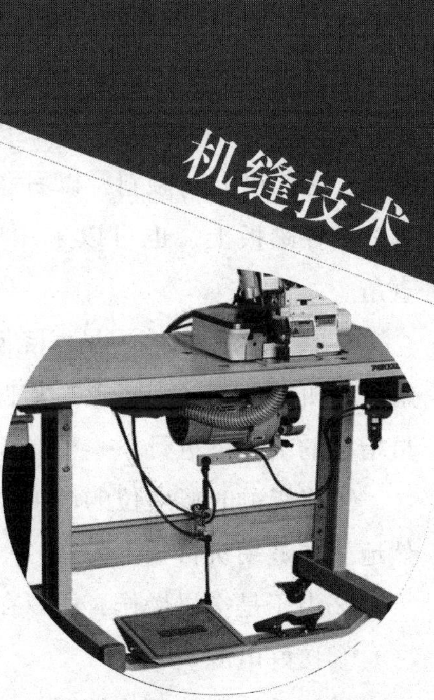

第一节 机缝练习

一、空机练习

1. 概念　空机练习是初学者学习电动缝纫技术最初阶段所进行的练习，空机练习可以很好地帮助初学者了解机器的性能和操作方法，加深对机器的了解，熟练最简单的缝纫操作方法等。

2. 姿势　身体坐正，面朝机头的方向，身体距离台板 10~20 厘米，并略微向前倾斜，以右膝可以碰到膝控板为准。可以把双脚都踏在踏板上，也可以采用单脚控制的方式，大腿和小腿成直角。

3. 方法　空机练习虽然降低了练习的危险性，但是也要在了解所用机器的型号和特点、掌握安全操作规程和有专业的技术人员指导的前提下进行。

①机缝的时候座位的高度要适当，一般以操作者双手可以自然地放在缝纫机台板上为宜。

②由于是空机操作，所以在开始操作前要先卸下机针。

③接好电源。

④用手按下缝纫机的开关按钮。

⑤将压脚抬到最高的位置。

⑥将双脚自然地放在平缝机的踏板上，向下轻轻地压脚踏板，感受用脚踏压的力度。

通过多次的空机练习，就可以掌握平缝机的运转性能，增加对缝纫机的了解，为进行缝纫实践积累经验。

4. 车速控制　在操作缝纫机的时候，要了解缝纫机的开关键，其中“ON”是开机键，“OFF”是关机键。在进行空机训练的时候，为了减少机器的磨损，要先抬高压脚，然后再用右脚踏上踏板，开始进行训练。

要了解各种缝纫车速，包括慢速、由慢到快、由快到慢、匀速、点针等，直到可以熟练地操作和控制车速为止。

当用脚操作踏板的时候，脚尖所在的位置对应的是开机的位置，脚后跟对应的是关机的位置。用脚尖向前用力，就开动缝纫机转动，保持用力的力度则机器开始匀速转动。加大力度则缝纫机的转速加大，减小力度则缝纫机的转速减小。把脚尖抬起，把脚后跟用力压下，则机器停止转动。

二、缉纸练习

1. 概念　缉纸练习是在空机练习基础上的进一步练习，是在掌握了缝纫机的基本操作过程后，在纸上进行的不穿缝线的实缝模拟训练。

2. 手势　在纸上缉纸练习的时候要注意左右手的协调和配合，一般是左手在前用来推送纸，右手在后面掌握纸的推送方向。

3. 直线练习　直线练习就是练习用缝纫机缉直线，首先要在白纸上画几条长短不同的直线，然后按照画的线迹进行空缉练习。

4. 弧线练习　弧线训练的类型多样，包括圆形训练、曲线训练、直线和弧线的组合训练、直线和弧线的连接训练等、圆形训练是在纸上画出直径为 2～10 厘米的圆形，然后用空机按照画出的线迹进行空缉练习。曲线训练主要是画出“S”形等不规则曲线进行空缉练习。直线和弧线的组合练习包括“U”形、“M”形等，要求做到转弯不出头，直线和弧线连接自然，无明显棱角，线距平行、均匀。

5. 几何形练习　几何形练习的主要内容包括各种大小的正方形、长方形、五角星等，也是先在纸上画出线迹，然后再空缉练习。

第二节　机缝方法

衣服是按照各种不同的缝型连接在一起的，由于各种服装的特性不同，所以使用的具体缝制方法也存在差异。熟练地掌握衣服的缝制方法，对于缝制出美观的成衣具有决定性的意义。

一、平　缝

1. 概念　从使用缝纫机以来，机缝的工艺也在不断发展，但是平缝仍然是使用最多、应用最广泛的缝制工艺。

2 操作　首先要把两块布正面相对，上边和下边对齐，留出 1 厘米的缝纫车缝，然后沿着正面的缉线缝合，注意在开始缝制和缝制完成后都要打倒针。要求缝制后线迹直顺，缝份的宽度一致，布料平整无褶皱。

二、搭　缝

1. 概念　搭缝是在平缝的基础上发展演变而来的一种缝制方法，搭缝的时候不是将两块布的正反面都对齐，而是将缝份相互搭合 1 厘米，在中间缝制一道线。搭缝的缝子薄，平服，不起梗，主要用于衬布的拼接部位的缝合。

2. 操作　在搭缝的时候要将两块面料正面相对，但是要错开缝份，一般上层缝份为 0.6~0.7 厘米，下层缝份为 1.2~1.4 厘米，缉一条平缝。然后使两层缝份倒向一边，使较小的缝份夹在中层，然后再缉一条或者两条 0.7 厘米的明线。要求缉线后面料平整顺直，没有明显的皱缩现象，明线宽窄一致。

三、包　缝

包缝也是一种常见的缝制方法，一般分为两种，一种是内包缝，一种是外包缝。

1. 内包缝　内包缝又称为反包缝，是一种用一层面料包住另一层面料，然后在面料的外面缉一条明线的方法。这种缝法比较牢固和结实，一般用于男式衬衫绱袖。

取两块面料正面相对，然后把缝份坐开 0.9 厘米，然后用下层面料的缝份包住上层面料的缝份，然后在衣料的正面沿着毛边缉一条直线。然后在打开的面料的正面缉一条 0.8 厘米的明线，把下层面料沿着折转的边压住 0.1 厘米。要求布料缝后要平服，明线要宽窄一致。

2. 外包缝　外包缝和内包缝的方法差不多，主要是缝制的方向不同，而且外包缝的正面不是有一条明线，而是有两条明线。主要用于男式衬衫、夹克衫的缝合。

缝制时将需要缝合的两层衣片进行反面叠合，然后把下层衣片的缝头放出 0.8 厘米包转，然后包转缝头缉住 0.1 厘米，再把包缝向布料有毛边的一面坐倒缉 0.1 厘米的清止口。

四、来去缝

1. 概念　来去缝是一种缝制完成后衣料的正面不见线迹的缝制方法，一般用于薄型面料的缝制。

2. 操作　先把需要缝合的面料的反面对齐，然后在靠近边沿的地方缉一道明线，把残余的毛丝修齐。然后把布料反转到正面，把布料的正面相对合缉 0.5 厘米或 0.6 厘米，然后把第一道缝份的毛边包裹在第二道缝份之内。来去缝要求缝份整齐一致，缝制完成后正反面都不露毛边。

五、滚包边

1. 概念　如图 5-1 所示，滚包边是一种只需要进行一次缝合就可以将两片缝料的毛边全部包好的缝制方法，可以说是既省钱又省力，所以应用十分广泛，一般用于薄型面料的缝制。

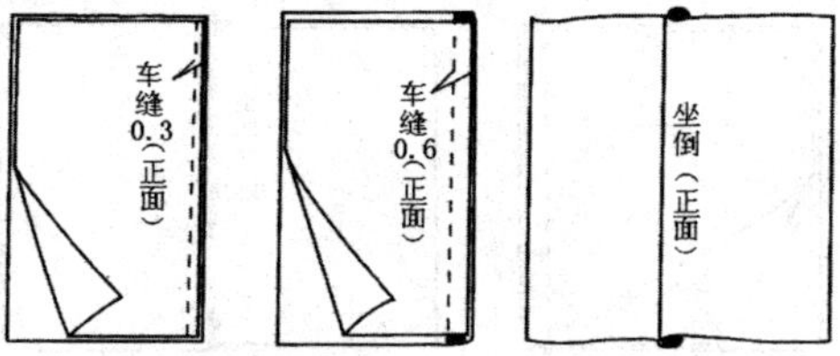

图 5-1　滚包边

2. 操作　将需要缝合的面料和滚边布进行正面对合，缉一条0.5厘米的直线，然后翻转过来，在面料的另一面扣烫0.5厘米的缝份，然后沿着这条边缉第二条线，下层靠边缉0.1厘米，正面滚边条宽0.6厘米，正面滚边条不缉明线，如图5-2所示。要求缝制完成后滚边的宽窄一致，缉线顺直，无链形。

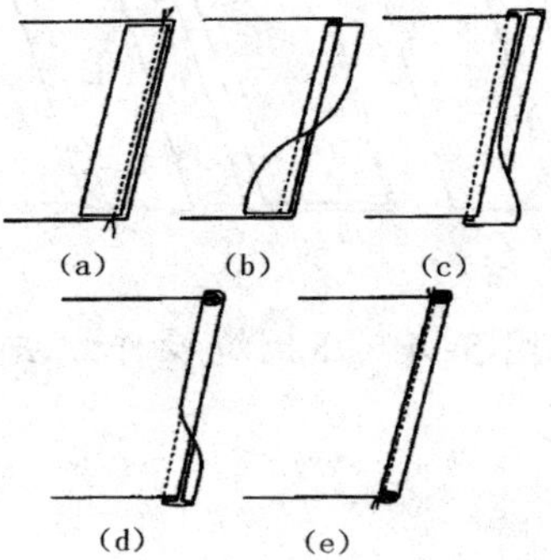

图 5-2　滚边

六、压倒缝

1. 概念　如图5-3所示，压倒缝又可以称为坐缉缝，由于这种缝制方法可以降低缝份的厚度，穿着更加舒适，所以常用于衬衫的过肩、贴袋和男裤的侧缝的缝制。

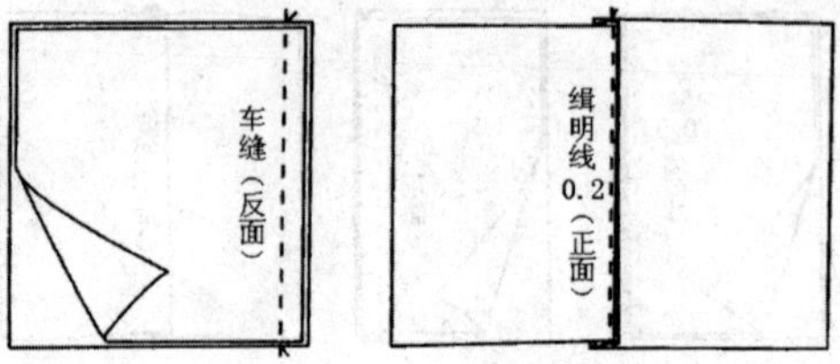

图 5-3　压倒缝

2. 操作　将两块需要缝制的面料的正面朝上，车缝一道线，然后按照要求烫平缝份，使毛边单边坐倒，在正面缉一条直线。要求缝制后的面料的缝线顺直，两块面料的长短一致，没有明显的皱缩现象，如图 5-4 所示。

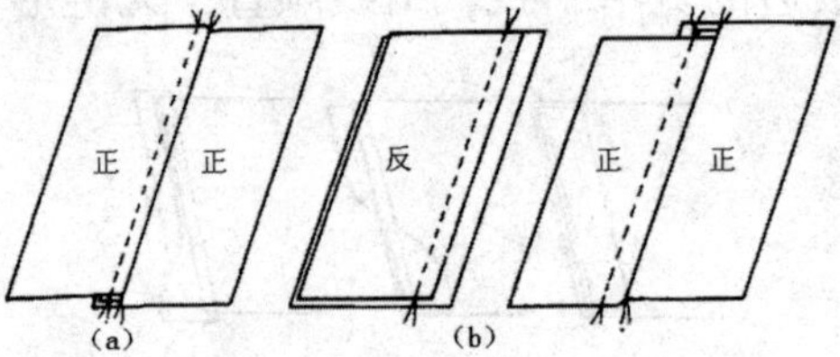

图 5-4　压倒缝操作方法

第六章

局部缝制方法

第一节 口袋缝制方法

一、平贴袋

平贴袋是外衣、衬衫和童装的常用袋型。

1. 贴袋放缝　贴袋放缝是首要步骤，见图 6-1。

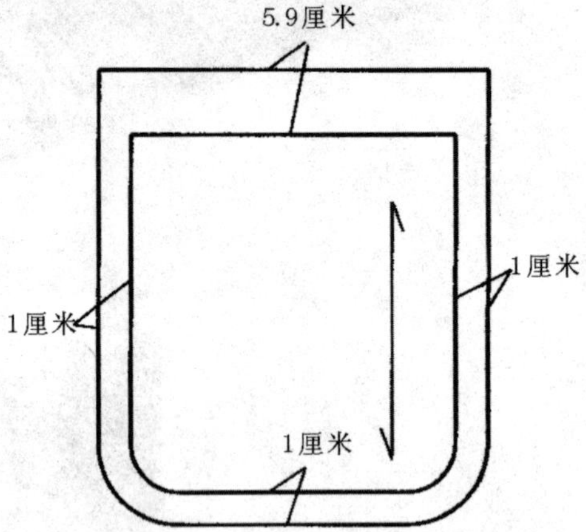

图 6-1　贴袋放缝

2. 车缝袋口折边　按照净样板的要求将袋口折边向袋布反面折转，然后扣烫（根据厚薄料袋样加减 0.1 厘米），见图 6-2。

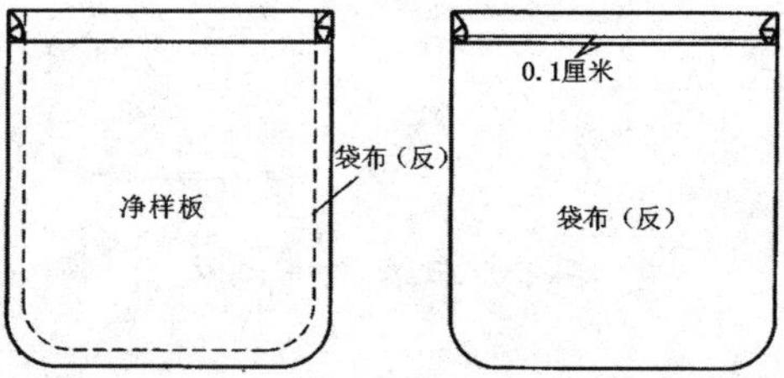

图 6-2　车缝袋口折边

3. 扣烫袋布缝份　按照净样板的要求把袋布的两个圆角烫平、顺圆，保证其松紧适度，袋底部的圆角大小一致，见图 6-3。

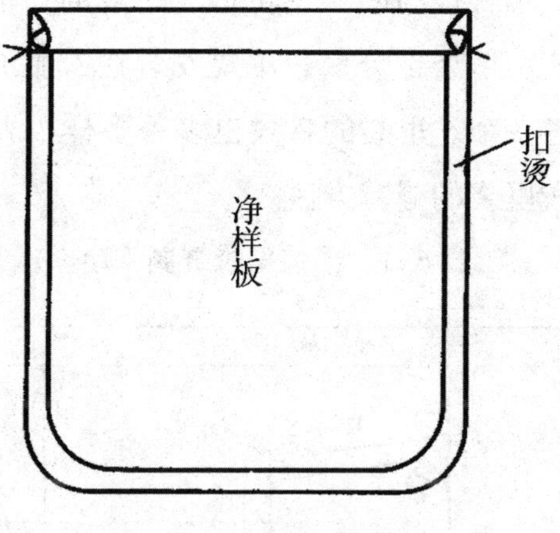

图 6-3　扣烫袋布缝份

4. 车缝袋布与衣片　对准贴袋的袋位标记，用平针绷缝固定其位置，然后车缝，注意车缝的时候要保证缉线的整齐和平直，衣身不起皱，如图 6-4 所示。

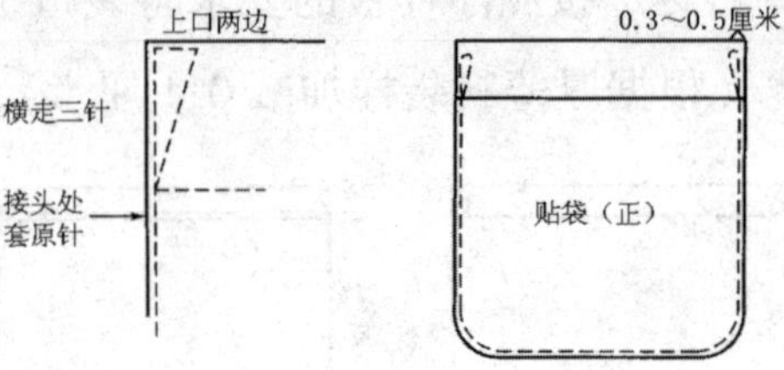

图 6-4　车缝袋布与衣片

二、里　袋

里袋是缝制在服装的里子内部的口袋，里袋安全隐蔽，可以用来盛放物品，具有很高的实用价值，一般的高档服装都设有里袋。一般男装使用里袋十分多，主要安装在衣服的里面和挂面的接缝处，左右各一个。里袋的款式也多种多样，表 6-1 所示就是使用最多的深嵌里袋的缝制方法。

表 6-1　男装里袋缝制工序

单位：厘米

工　序	图　解	说　明
（1）裁配里袋布	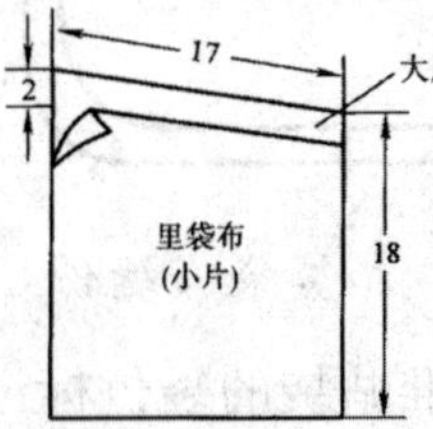	裁配里袋布分大片和小片，大片里袋布长 18厘米、宽 17厘米、小片里袋布长为 16厘米、宽 17厘米

续表

工　序	图　解	说　明
(2) 裁配滚嵌条、袋垫	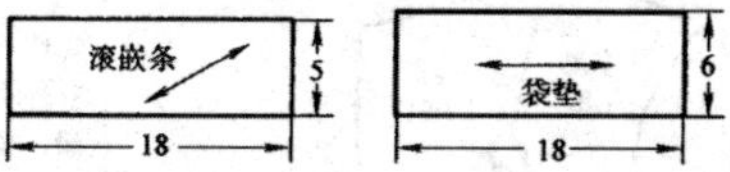	选用衣里斜料裁配滚嵌条，滚嵌条长18厘米、宽5厘米。为防止斜料变形，可在斜料反面少量涂些糨糊，待糨糊干后，将滚嵌条横向对折烫平。袋垫选用里子直料，袋垫长18厘米、宽6厘米
(3) 做三角袋盖	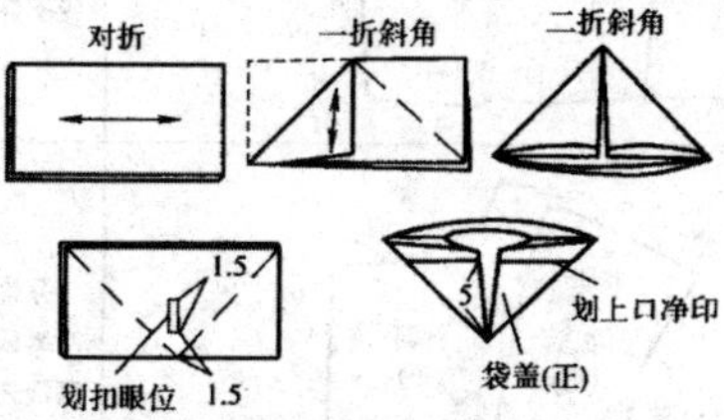	选用衣里料裁配三角袋盖，三角袋盖为长、宽各为13厘米的正方形一片。先把正方形三角袋盖衣里料横向对折，正面在外；再把两边折转成斜三角，然后确定扣眼位置；最后划出5厘米的宽度
(4) 黏合里袋衬	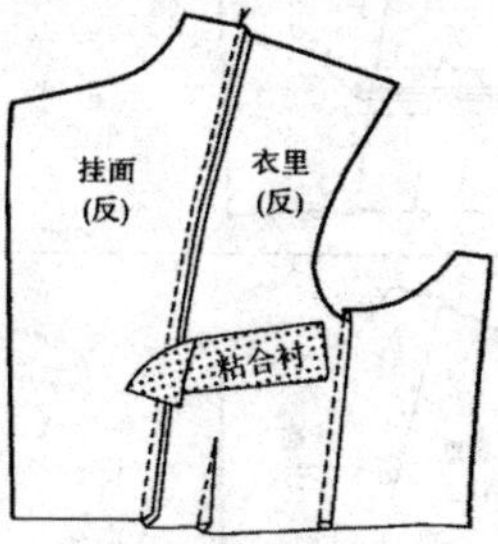	先将挂面与衣里拼缉，然后在挂面与衣里反面的袋口处粘上一块黏合衬布，黏合衬尺寸长18厘米、宽4厘米
(5) 划里袋位置	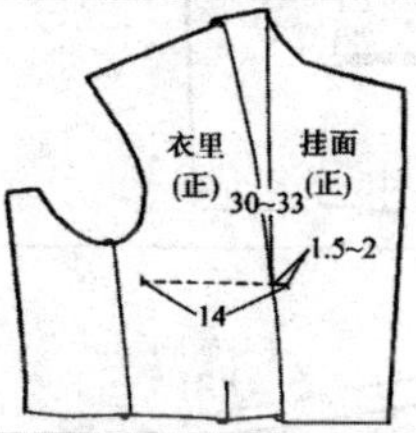	挂面与衣里正面朝上，划出里袋高低和大小位置。里袋高低：取挂面肩缝向下30～33厘米处。里袋大小：按挂面与衣里拼缝移出1.5～2厘米作为里袋外口起点，再朝里划进14厘米
(6) 缝缉滚嵌条	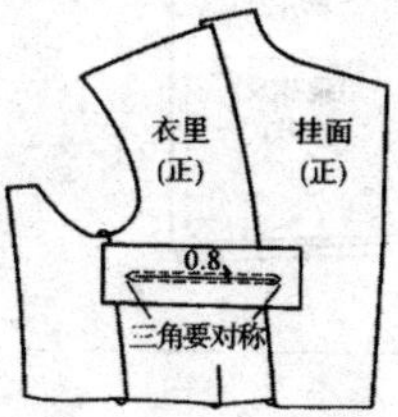	挂面与衣里正面朝上，把滚嵌条的对折印与里袋粉印位置正面相叠，然后按里袋尺寸大小沿着袋口四周缝缉一圈，上下缉线之间宽度为0.8厘米，两端缝缉呈三角形，起、终点缉线必须重叠2厘米连接

续表

工　序	图　解	说　明
（7）开剪滚嵌条		在里袋三角形缉线中间将袋口剪开，分别剪到两端三角顶端；然后再从滚嵌条料外面，分别向里朝尖角处将滚嵌条料剪开，同样要求两端三角形缉线不能剪断
（8）翻折滚嵌条	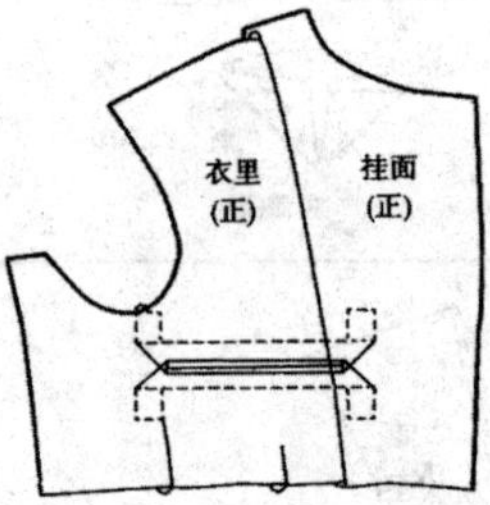	分别把剪开后的上下滚嵌条沿缉线向开剪袋口方向倾倒，两端先折出一个三角，然后捏住三角向袋口里面翻转并包住开剪缝份。包紧密实后的单根滚嵌条宽为0.4厘米
（9）缝缉下滚嵌条止口		用手将下滚嵌条包裹紧密，然后在下滚嵌条缝份中缝缉漏落针；或在下滚嵌条上缝缉0.1厘米清止口，在起针和结束两端要打倒回针
（10）做里袋布	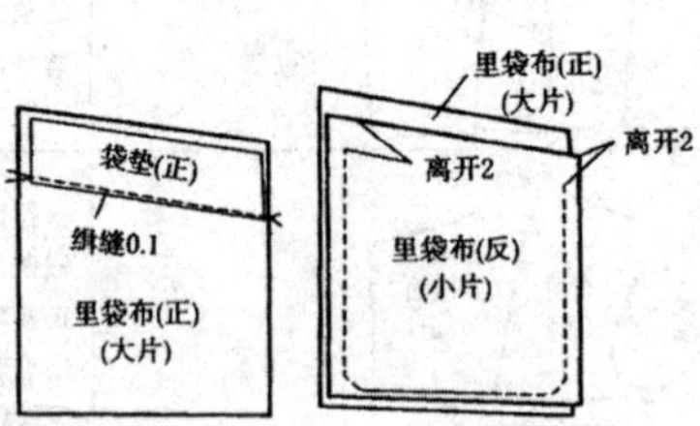	将里子料袋垫下口边缘向反面折转0.6厘米缝份，放置在大片里袋布上缝缉，然后将大、小片里袋布正面相对，三边对齐，沿三边兜缉一圈，缉缝1厘米，两侧距上口边缘2厘米处不要缝缉

续表

工　序	图　解	说　明
（11）缝合下滚嵌条与里袋布	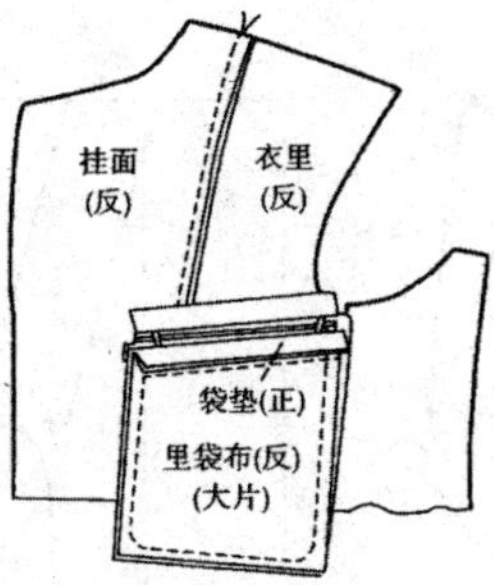	将小片里袋布上口边缘与下滚嵌条下口边缘正面相对，然后缝合
（12）缉上滚嵌条	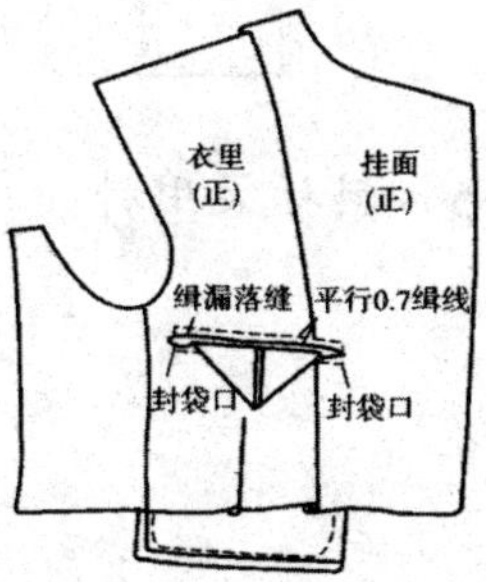	将三角袋盖放入袋口居中位置，上滚嵌条下口边缘正好盖住袋盖粉印。先缉上滚嵌条漏落针，在起针和结束两端要打倒回针。然后在左袋口三角处来回封针固定，再连线转折，按上滚嵌条漏落针宽度0.7厘米平行缉线，最后连线转折至右袋口三角处来回封针固定

三、斜插袋

1. 斜插袋用料　斜插袋的缝制用料如图 6-5 所示。

2. 粘烫袋口衬　粘烫袋口衬的主要目的是保证袋口的美观和实用性。

3. 缝合袋垫布　如图 6-6 所示，将袋垫布和袋布的反面相对，对齐缝份，将袋垫布的一侧压缝在袋布上。

4. 缝合袋口贴边　如图 6-7 所示，将前裤片和袋口贴边正面相对，再和袋布一起缝合，在裤子的前片袋口的地方打剪口，然后向袋布的反面折倒贴布，把贴布压缝在里层的袋布上，要求缝

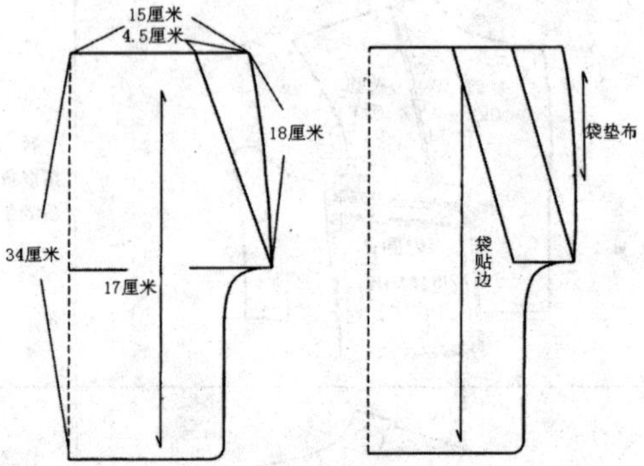

图 6-5　斜插袋用料

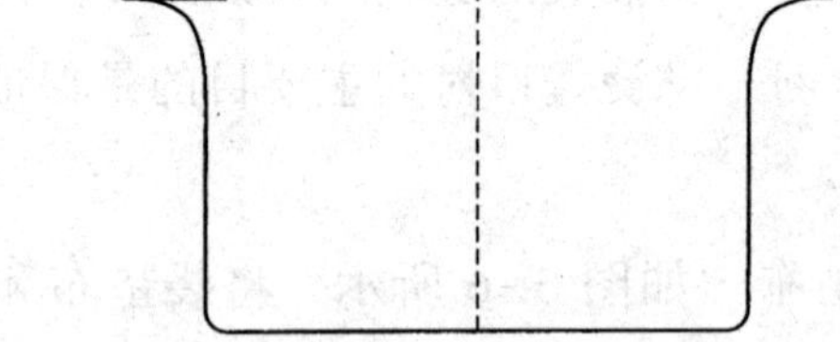

图 6-6　缝合袋垫布

宽约 0.5 厘米，下口 1 厘米的地方不进行缝合。

5. 兜袋布　先把袋布的正面相对，用 0.3 厘米的线粘烫袋口衬，袋口处 2 厘米不进行缝合，然后翻转袋布，缉线 0.7 厘米止口。

6. 封袋口　如图 6-8 所示，将裤片正面向上放，封住袋口，固定袋布和腰口的位置。

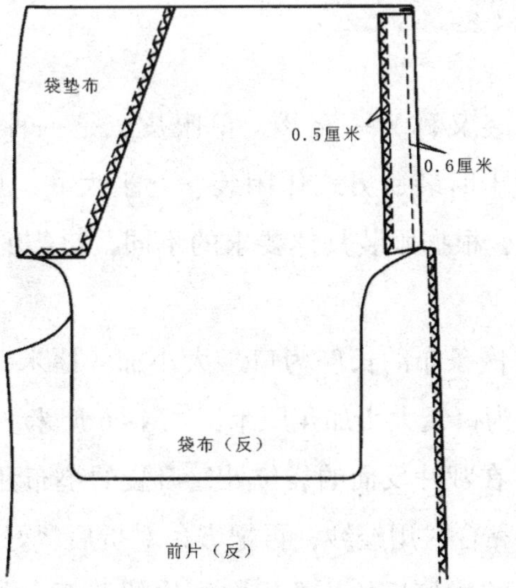

图 6-7　缝合袋口贴边

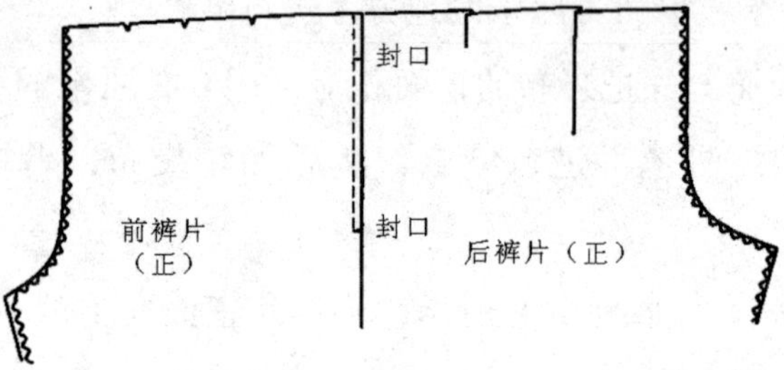

图 6-8　封袋口

四、单嵌线口袋

单嵌线口袋又称为一字袋、单眼皮，是一种用途广泛的口袋，常用于女士时装、男式休闲装、女士大衣、风衣、男西裤、夹克等服装上，根据服装具体要求的不同，口袋的宽窄和大小也不同。

1. 裁布　嵌条布的长度为口袋大小加 4 厘米，宽 4~6 厘米；口袋垫布的长为口袋大小加 4 厘米，宽 4~6 厘米。

2. 粘衬　在裁片反面的袋位处、口袋的垫布和嵌条上都粘上无纺黏合衬，黏合衬用经纱，再把嵌条对折后烫好。

3. 缉线　将烫好后的垫布缉在袋位的上面，嵌条缉在袋位的上面，使两条对应缉线的宽窄和长短都一致。

4. 剪三角口　掀开垫布和嵌条的缝隙，从中间剪开，剪至两头剩余 0.7 厘米时开始剪三角刀口，按缉线留 1~2 根纱。剪好后翻转垫布和嵌条。缉线固定三角刀口、嵌条和垫布。

五、手巾袋

1. 扣烫手巾袋　按照实际要求裁剪袋板布、袋板衬和袋布。

2. 接缝袋布　把口袋的后袋布和垫袋布缝合，前袋布和袋板折过去的一面缝合。

3. 缝合手巾袋　将手巾袋和衣片进行缝制。

4. 剪开手巾袋　在袋布的圆弧缝份上剪开三角刀口。

5. 翻烫手巾袋　将袋板翻正后，再从反面把其和衣片的缝份熨烫平整，然后翻过来分烫垫袋布。

6. 固定袋布贯缝　固定前袋布，要求缝线藏在衣缝和袋板的中间。

7. 缝合袋布　将前身向上，翻开右面，露出袋布，在上端进行缝合，牢牢地缝住。

8. 封缝袋板　在手巾袋的左右两边各缉缝 0.1 厘米的明线。

第二节　领子缝制工艺

领子是构成服装的重要部件，随着缝制技术的不断发展，领子的种类也多种多样，我们主要介绍一些常见领子的缝制工艺。

一、立　领

1. 粘衬　先将领子的黏合衬和树脂衬缉缝固定，使树脂衬小于领子的净样线，黏合衬大于领子的净样线。

2. 贴合　将黏合衬平整地贴在领子的反面。

3. 缝制　将领面和领里进行缝合，然后把领里底部的缝头折上来再缉缝，减掉无用的缝份，剩余 0.5 厘米，在弯处打剪口，最后把领子翻折熨烫。

二、西装领

如表 6-2 所示，西装领的驳头和领子是连接在一起的，所以是典型的驳领款式，在西装领的缝制过程中，无论是使用传统工艺进行缝制，还是采用黏合衬工艺，都要求成型后的领子达到左右对称、领型端正、里外窝服、平服饱满的要求。

表 6-2　西装领缝制工序

单位：厘米

工　序	图　解	说　明
(1) 裁配领面	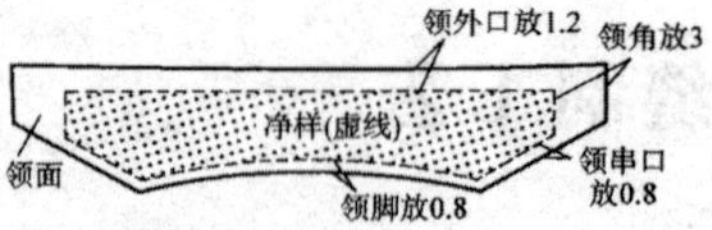	领面选用横料，按西装领型净样尺寸裁配。领外口放缝 1.2 厘米，左右领角放出 3厘米，左右领串口和领脚均放缝 0.8厘米，领面净样粘衬

续表

工　序	图　解	说　明
（2）裁配领里	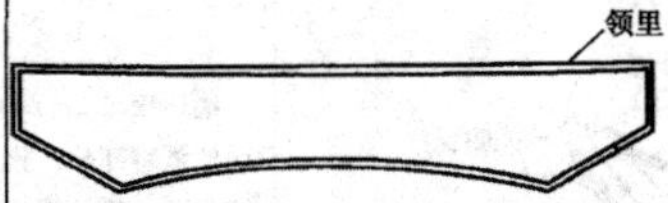	领里选用法兰绒领底呢，领外口按净样缩小0.4厘米，左右领角按净样，其余三边各放缝0.8厘米
（3）黏合领面两端	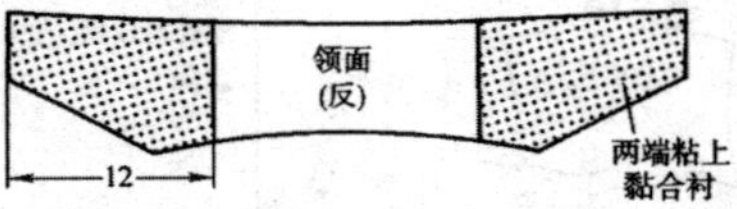	在领面反面左右两端粘上黏合衬，黏合衬长度约为12厘米，黏合时领面横直丝缕必须归正理顺
（4）领里与领衬黏合		领里与领衬黏合时，领衬四周应比领里缩进0.2厘米，此时在领外口暂不必黏合牢固
（5）缝缉领脚阔线	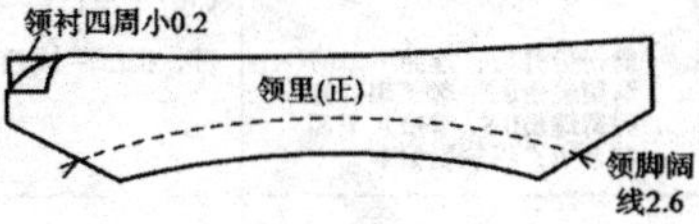	先在领衬上画出领脚阔线，领脚阔线宽为2.6厘米，然后按画出的领脚阔线把领里与领衬缝缉在一起
（6）领面嵌入领里、领衬	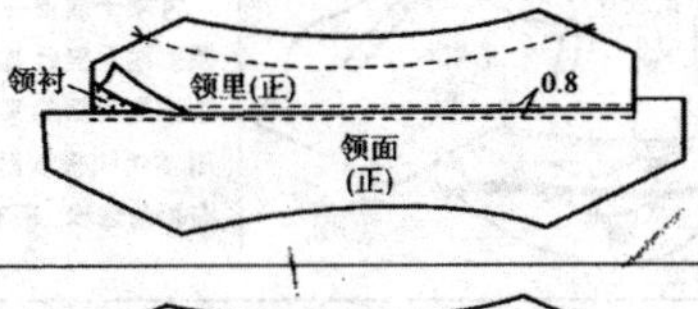	将领面正面朝上，然后把领面外口约0.8厘米缝份嵌入法兰绒领里与粘合领衬之间；领面嵌入领里、领衬时，可暂用手缝针将领面、领里、领衬三层沿边缝扎固定，然后用熨斗把领外口黏合烫牢
（7）缝缉三角针		选用具有三角针缝迹功能的缝纫机，在领外口将领面、领里、领衬三层一起缝缉，三角针针距宽为0.3厘米
（8）折烫领外口	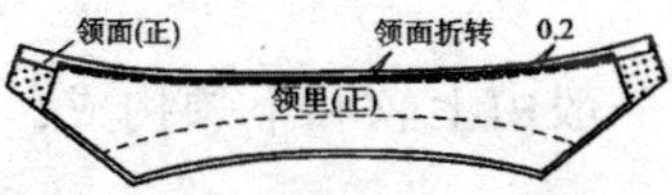	把领外口根据领衬净缝折转，然后0.2厘米座势把领面与领里扣烫平服
（9）归拔领脚	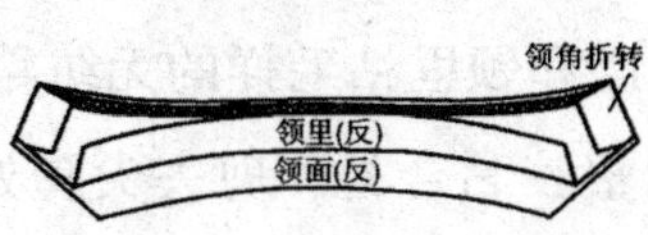	将领里按领脚线折转归拔，然后将领面下口肩缝处拔开。在折转归拔领脚时，必须把靠近肩缝部位处里口略为归拢，使折转后的领子造型呈拱形，最后把左右领角折转烫好

续表

工　序	图　解	说　明
（10）绱领面	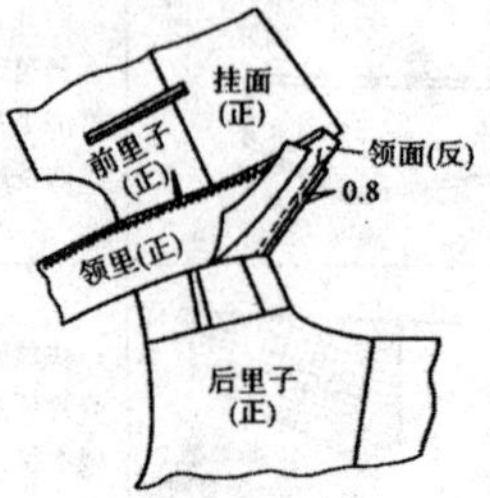	绱领面串口，缉缝为0.8厘米；再绱领面的领脚部分，把挂面领圈部位横直丝缕归正，然后将领面的领脚缝份与挂面以及里子领圈对准后缝缉。缝缉时在肩缝处略放松，左右里子肩缝和背缝必须对称
（11）分烫串口	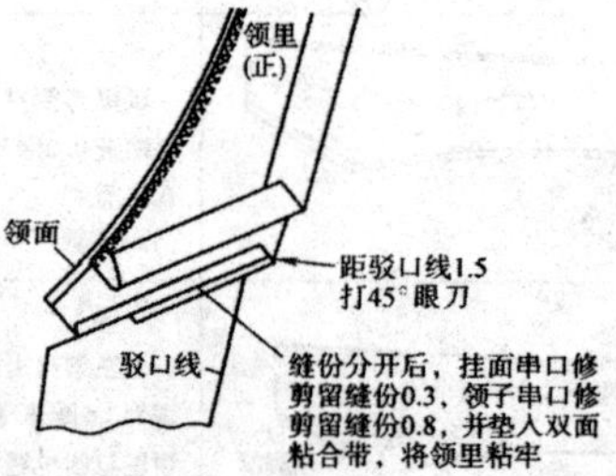	在衣片挂面串口上段处开剪，然后分烫挂面与领子串口。接着修剪挂面与领子串口缝份，挂面串口修剪留缝份0.3厘米，领子串口修剪留缝份0.8厘米。同时在串口分开缝份处垫入双面黏合带，把法兰绒领里翻下后熨烫粘牢
（12）缝缉领里	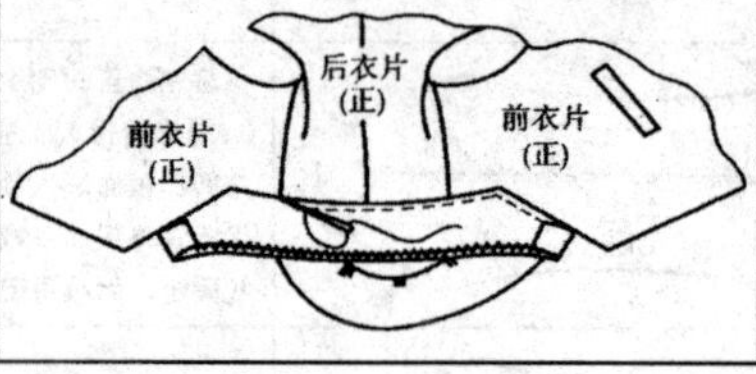	将领子放置在"馒头"上，把法兰绒领里用手缝针扎线扎定到领圈上，注意领子翻折后的平整度及里外均匀；最后用本色线将领里与领圈缝缉，同时把左右领角缝缉，所有缝缉针迹要求整齐细密

三、衬衫领

衬衫领又称衬衣领，一般由上领和下领构成，是衬衣专用的领型。

1. 烫衬　在翻领的领座和领里粘毛样的无纺黏合衬，在翻领的领面粘毛样的有纺树脂塑胶黏合衬，剪去尖脚处的衬料缝份，领座面粘净样纺树脂塑胶黏合衬，保证烫衬的平服和牢固。

2. 做领　要先做好领面和翻领，使领里的正面相对，然后沿着净样线缉缝，在缝制领角的时候略微向里拉紧领里，使领子形成自然的弯曲状态。

3. 修剪缝份　将领尖的缝份保留 0.3 厘米，其余的剪去，然后沿着缉线对缝份进行扣烫，领座面的操作同领尖。

4. 翻领、烫领　将翻领翻到正面后熨烫平整，然后缉 0.6 厘米的明线，然后把领口固定住，注意在固定的时候要将领面松 0.2 厘米，再在中间点剪一个刀口。要求做好后的领尖要左右对称，有弯势，缉线的宽窄要一致。

5. 缝合翻领与领座　把翻领夹在领座面里中间，把领座面反面向上放在上层，然后沿着领座衬边缘 0.1 厘米的地方缉线，要从领座的左搭门缝到右搭门。缝好后将领子翻展、熨烫平整，在领座上的领口面缉一条 0.6 厘米的线，然后在领座的中间剪一个刀口。

四、无　领

我们以圆领暗贴边为例来介绍无领衣服的缝制方法。

1. 贴边用料　按照图 6-9 所示准备贴边用料。

2. 粘衬　给领口贴边粘上合适的无纺衬。

3. 拼接领口贴边　将前后领口的贴边正面相对，在肩部缝份车缝，缝好后进行熨烫，并包缝贴边的下口，见图 6-10。

4. 装贴边　将前后领口的贴边和衣服的正面相对，把缝份对齐后沿着领窝缉缝，然后在缝份的拐弯处打刀眼，见图 6-11。

5. 翻转贴边　翻转领口贴边后，将上口边缘处熨烫平顺，使衣身吐出 0.1 厘米，然后在领口的正面缉止口 0.1 厘米，固定领子的贴边。

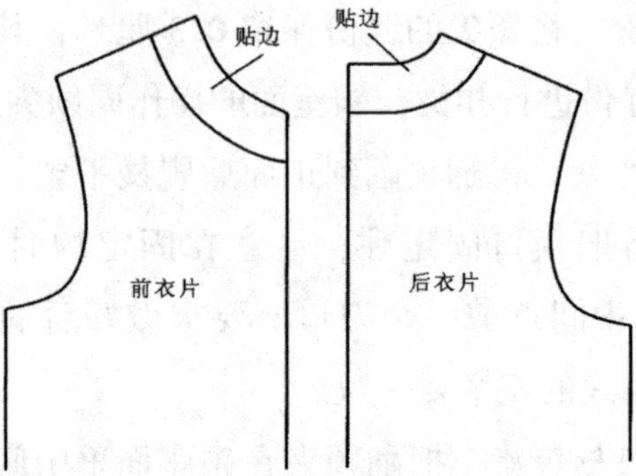

图 6-9　贴边用料

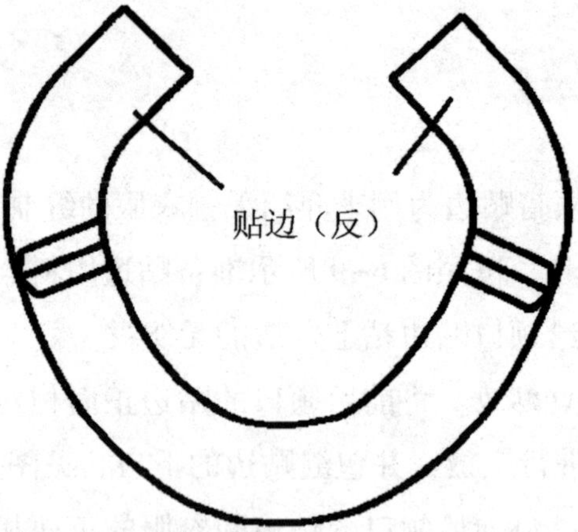

图 6-10　拼接领口贴边

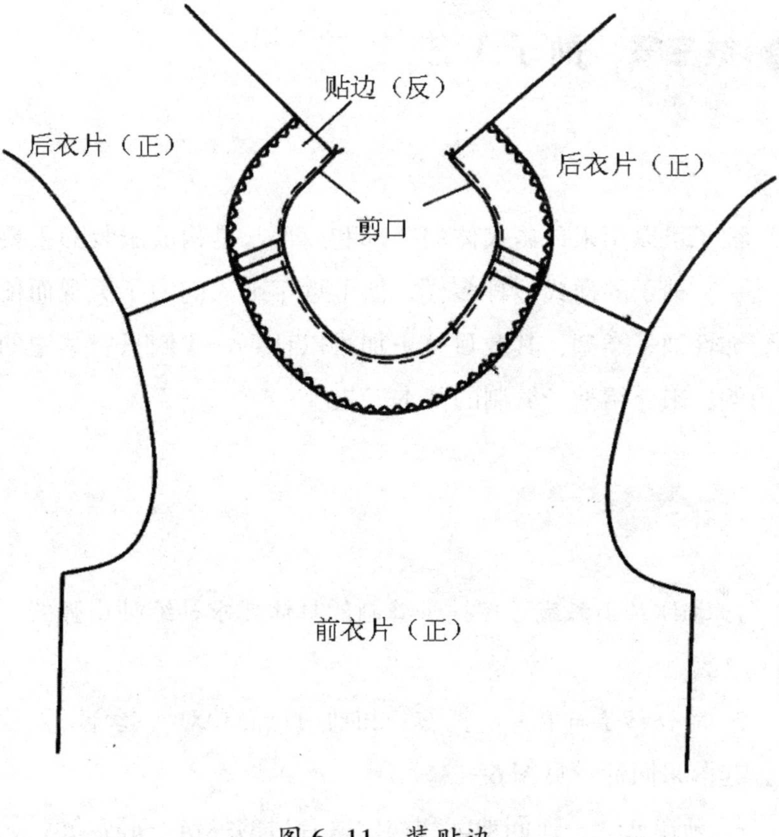

图 6-11　装贴边

第三节 袖子工艺

袖子可以用来包裹人体的臂部和肩部，是构成服装的重要部件之一。袖子的样式多种多样，加上近年来人们为了美观而使用的装饰性袖子类型，其数目就更加难以计算。我们只以其中的几个为例，来介绍袖子缝制的基本工艺。

一、一片圆袖

1. 抽缩袖山弧线　按袖子缝制的具体要求抽缩袖山弧线，见图 6-12。

2. 缝合袖子与衣身　把衣身和袖山正面相对，缝合时袖片在上，起落来回针，见图 6-13。

3. 袖窿包缝　连同袖窿和袖山缝合后的缝份一起包缝，见图 6-14。

4. 车缝衣身侧缝和袖底缝　将袖片和衣片正面对叠，沿着衣身底摆向袖口的方向进行缝合，缝制时注意袖窿的缝份要向袖口的方向倒，袖窿底部的十字要对位。做缝 1 厘米后再包缝。包缝的具体样式视衣服的具体要求而定，见图 6-15。

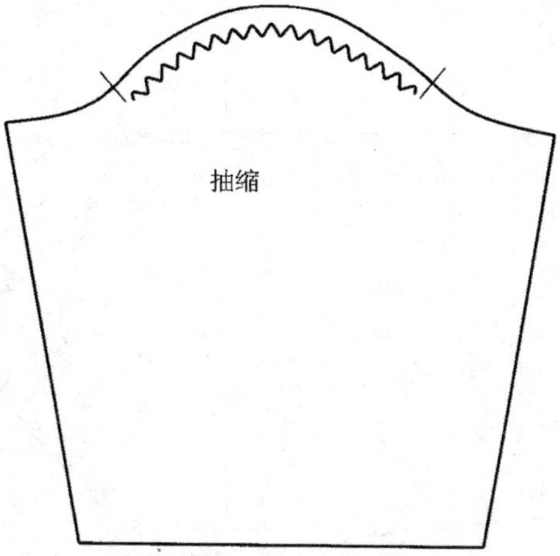

图 6-12 抽缩袖山弧线

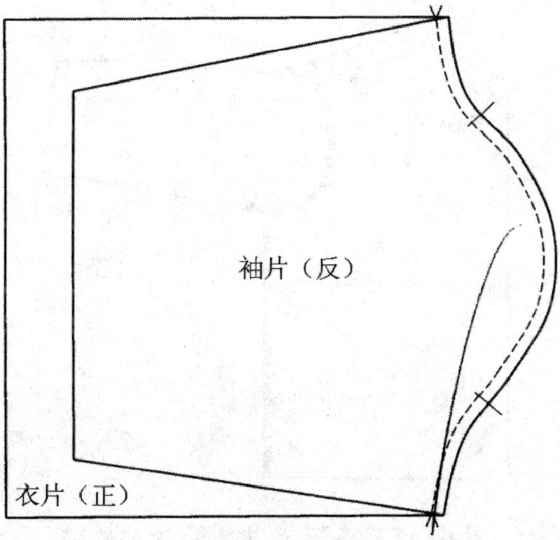

图 6-13 缝合袖子与衣身

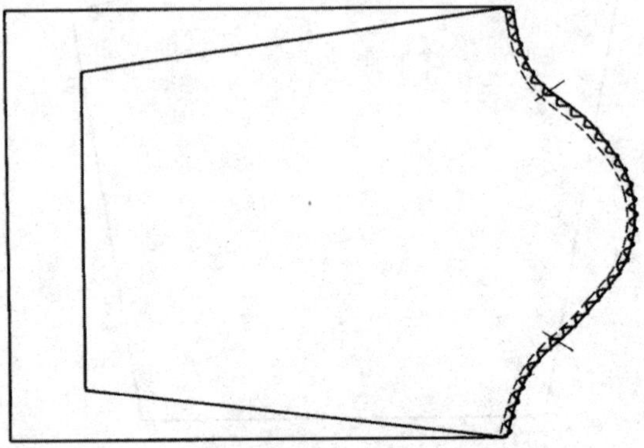

图 6-14 袖窿包缝

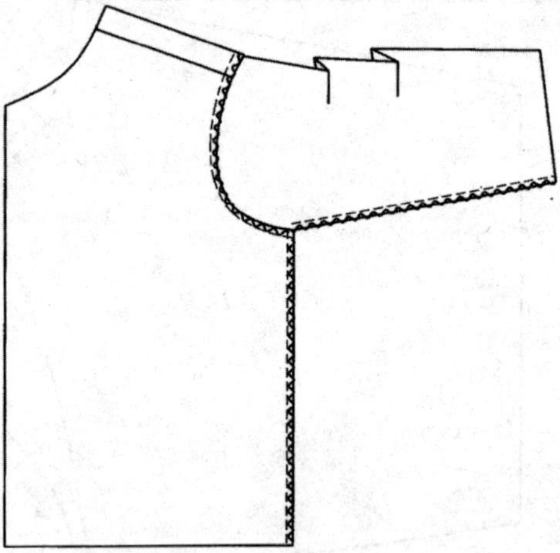

图 6-15 车缝衣身侧缝和袖底缝

二、两片袖

两片袖是最为常见的袖型之一，这是因为它是按照人体的生理结构进行设计的袖子款式，成型后十分合身服贴。两片袖一般适用于全夹服装的缝制，其具体的缝制方法如表 6-3 所示。

表 6-3　两片袖缝制工序

工　序	图　解	说　明
(1) 归拔大袖片		可将两片大袖片正面叠合在一起后进行归拔。先在前袖缝上端约10厘米处归拢，然后将前袖缝袖肘线处拔开并将余量归拢至偏袖线部位
(2) 缝合袖底缝	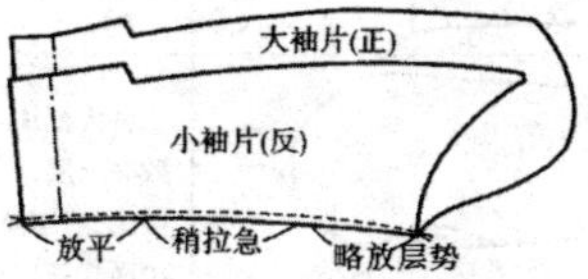	将大袖片与小袖片正面相叠，大袖片放在下层，小袖片放在上层。拼缉前袖缝时，在前袖缝上端约 10厘米处，大袖片需略放层势，在前袖缝中段大袖片适当拉急、下段平放，拼缉缝份 1厘米

续表

工　序	图　解	说　明
(3) 分烫袖底缝	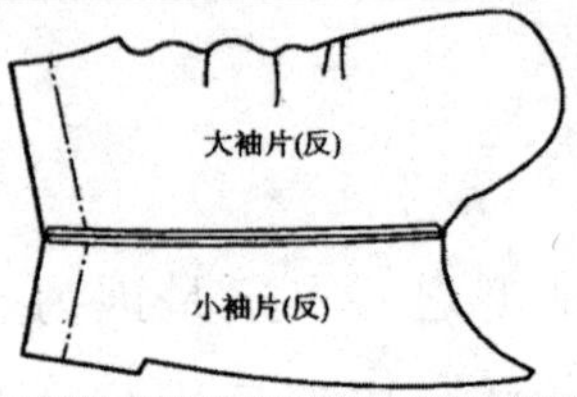	先将拼缉好的前袖缝分开烫平，然后在前袖缝中段将缝份略微伸长拨开，并将由此产生的回势归拢至大袖片偏袖线部位
(4) 粘袖口衬	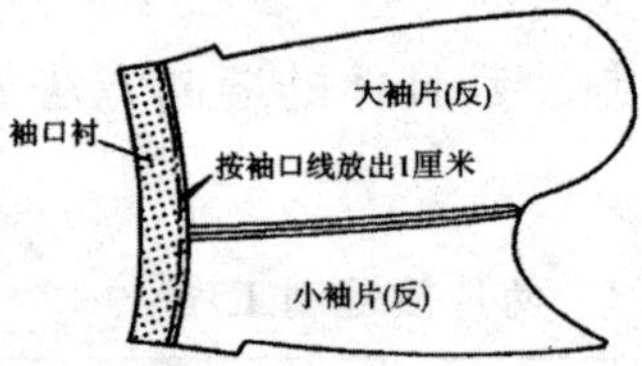	取宽约5厘米长条粘合衬，并将其粘合熨烫在袖口贴边部位上
(5) 扣烫袖口贴边	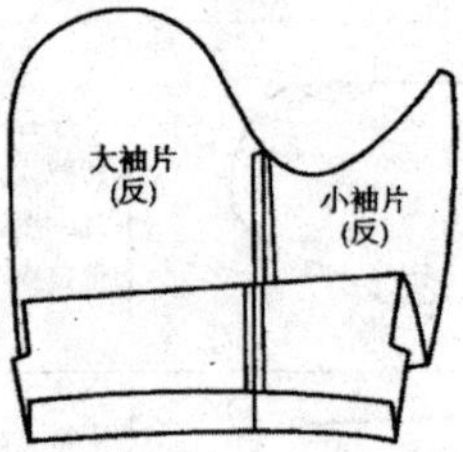	按袖长规格尺寸或袖口贴边宽度折转袖口贴边，然后用熨斗把袖口贴边扣烫平服
(6) 缝合袖外缝	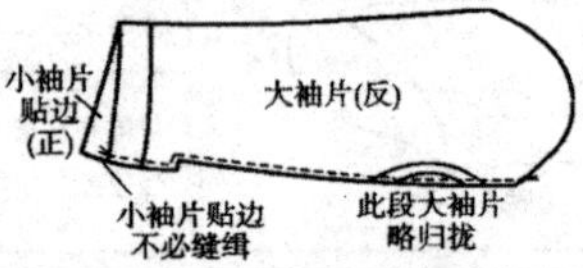	将大袖片与小袖片正面相叠，大袖片放在上层，小袖片放在下层，然后开始拼缉，拼缉缝份1厘米。在后袖缝上段约10厘米处，大袖片要略放层势
(7) 分烫袖外缝	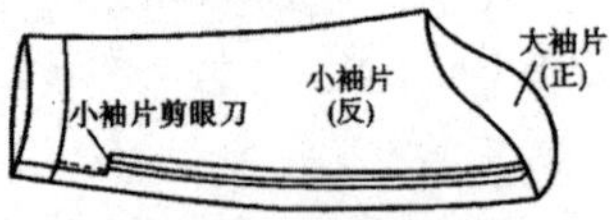	分烫后袖缝时，应分上、下两段熨烫，必要时可内衬垫“弓形烫板”将后袖缝分开烫平。分烫后袖缝完毕后，再将整个袖子的缝份以及袖口熨烫一遍
(8) 缝合袖里	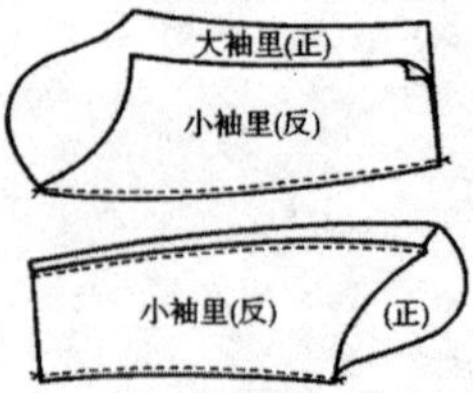	将大袖里与小袖里正面相叠，大袖里放在下层，小袖里放在上层。先拼缉后袖缝，再拼缉前袖缝，拼缉缝份均长0.8厘米

续表

工　序	图　解	说　明
(9) 扣烫袖里		扣烫袖夹里缝份采用前、后袖缝均朝大袖片方向烫倒的扣烫方法，扣缝绢线偏进0.1~0.2厘米
(10) 缝袖口	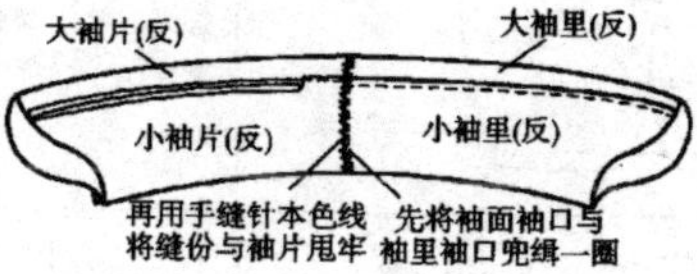	核对袖面袖口与袖里袖口的大小是否相符，然后将袖面袖口的后袖缝对准袖里后袖缝，再沿着袖口缝份兜缉一圈。兜缉袖口时，袖口里适当带紧。最后用手缝针本色缝纫线将袖口贴边缝份与袖片反面挑针甩牢
(11) 手缝固定袖里	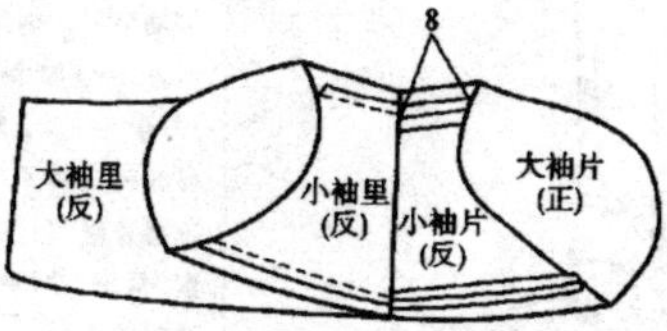	将袖口处袖里按袖口贴边二分之一宽度折转，小袖里与小袖片反面相对。用手缝针双根扎纱从袖口上段4厘米处起针，扎线针到离上口8厘米处止针，扎线针距2厘米，袖里要适当放松。用同样的方法再缝前袖缝
(12) 翻烫袖里	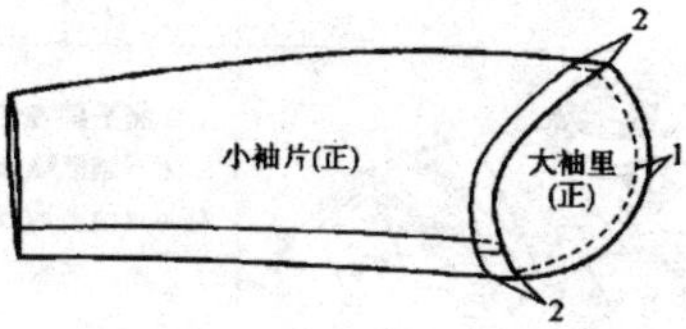	把袖面从袖里中翻出，然后将前、后袖缝以及袖口熨烫平服。修剪袖夹里时，在袖山高按袖面放1厘米，在袖底按袖面放2厘米，然后按照袖山弧线将袖夹里修剪圆顺
(13) 抽袖包	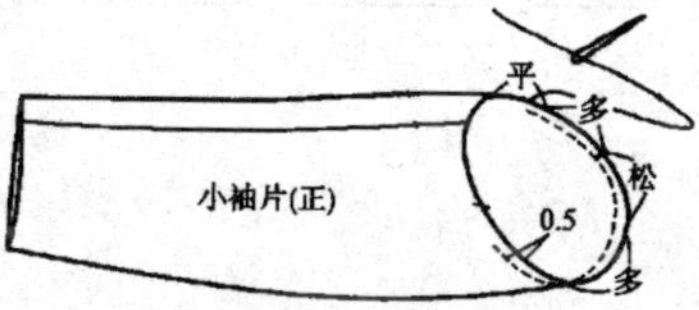	用单根棉扎线离袖山缝份边缘0.5厘米，用三角针针法从前袖缝处起针，缝至后袖缝以下约5厘米止针。把缝好的袖山曲势按要求理顺均匀，再将袖山曲势烫匀烫散
(14) 绱袖		将左面袖子的前袖底缝对准前衣片袖窿凹势处眼刀，然后在此起针绱袖。袖山头至后袖窿这段距离要求衣片袖窿翻转在反面，按此方法围绕袖山弧线一圈将整个袖子与衣片袖窿绱完。手绱袖子一般绱缝0.8厘米，用单股棉扎线，手缝针针距0.7厘米

续表

工 序	图 解	说 明
(15) 校正袖子方向		袖绱好后，用手平托肩头或将其挂在胸架上，并把衣襟止口摆正。检查该袖子的前后是否适中，袖山曲势是否圆顺，袖山头横直丝绺是否平直，后背势是否自然，袖底与前袖是否有牵吊现象等
(16) 缝合袖窿	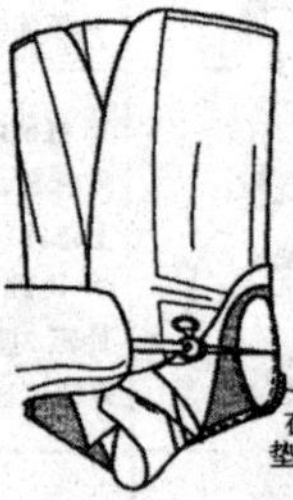	袖窿缝缉缝份为0.8厘米。在缝缉袖子与袖窿时，缝缉至近肩缝时，可在前后肩缝下垫放斜料黑炭衬（长6厘米、宽3厘米）一块。为了能使袖子前后饱满，可在缝缉袖子与袖窿完毕后，再按原针迹覆盖缝缉针织复合绒条(长约40厘米，宽5厘米)，绒条从前袖缝开始起针到后袖缝处止针
(17) 整烫袖窿		先将手绱左右两只袖子的扎线抽掉，注意不能把缝纫机缉线拉断。然后把左右两只袖子的绱袖缝份逐段放置在铁凳上，刷上细水，用熨斗将袖子曲势烫匀烫散

第七章

熨烫工艺

第一节 熨烫基础知识

一、熨烫原理

所谓的服装熨烫就是根据织物湿热定型的基本原理，通过提供合适的湿度、温度和压力，来改变需要熨烫的织物的表面性状、内部结构等因素的方法。广义上来说，服装熨烫指的是所有对服装材料进行热处理的过程。在服装成型过程中，熨烫工艺发挥着十分重要的作用。它和服装缝制、裁剪等工艺一起，组合完成服装的制作过程。服装行业中普遍流传的“三分缝制，七分熨烫”的说法就可以形象地说明服装熨烫的重要作用。

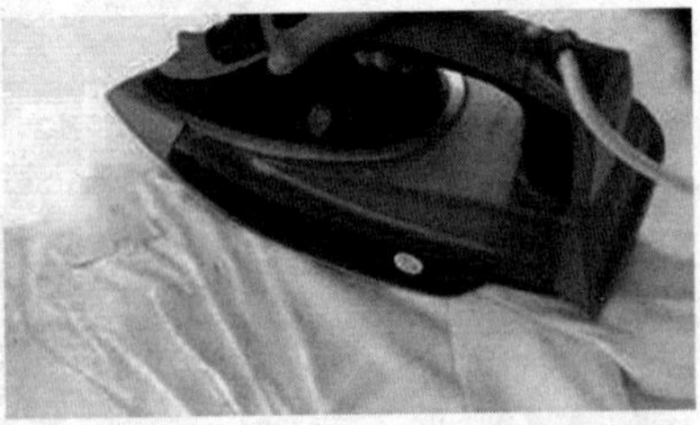

服装熨烫直接影响服装的外在形象，并因此影响服装的销售。消费者在进行服装的选购的时候，除了会关注服装的款式和

面料等因素，也会十分注意衣服的穿着效果，也就是衣服穿在身上后的舒适度，而衣服穿着的舒适度的高低和熨烫技术的高低有直接的关系。一件好的衣物，是必须有优质的服装熨烫进行配合的。高档服装的制作，必须有相应的熨烫设备与之配合。

二、熨烫作用

随着人们生活水平的提高，人们的服装观念也在发生变化。服装是人们展现自我风度的一个重要方式，对生活具有较高要求的人都希望可以穿上合体、美观、舒适的衣物来体现自己的独特审美和风度。所以，服装生产行业也就越来越重视服装的立体造型，服装的熨烫也就变得十分重要。

从服装生产方面来说，服装熨烫的重要，不仅因为服装熨烫可以很好地弥补服装缝纫的缺陷，还因为它具有服装裁剪、缝制所不能实现的功能。一般来说，服装熨烫都具有以下四个主要功能：

1. 成型　成型就是对服装立体形象的塑造过程。服装从布片到成品制作完成是一个从平面构造到立体造型的过程。虽然说通过衣片的结构设计和省位处理可以达到立体效果，但这是远远不够的。完美的衣物造型必须通过熨烫，通过对衣物的纱线形态和组织密度的调整来完成对衣物立体造型的塑造过程。熨烫一般是由熨烫工人手工完成的，有的时候也可以通过模熨压烫机械来完成。

2. 烫平　烫平的作用和定型似乎正好相反，一个是立体形状的塑造，另一个则是对衣物因不合理放置而造成的褶皱变形的平服过程。对衣物进行烫平处理之后，可使衣物变得挺括和美观。

3. 褶裥　褶裥是一种带有装饰性的服装熨烫方法，在服装衣片的接缝位置进行的熨烫就是褶裥熨烫的一种形式。人们对于褶裥的希望正和人们对于折痕的希望相反，人们希望褶裥存在的时间越久越好，却希望折痕永远都不要产生，产生后也要赶紧消失。褶裥一般有两种形式，一种是单纯利用熨烫工艺，促使织物的纱线和纤维物质弯曲而形成的；另一种是持久性较好的褶裥，主要是经过假缝之后，再使用熨烫工艺将折痕固定在一定的位置上而形成的。有的时候也可以用化学处理的方法来得到褶裥。前贴袋四边的折烫处理也是褶裥的一种，这样处理可以降低缝制的难度，提高工作效率。

4. 黏合　西装等服装在制作的过程中都需要在特殊的部位加固或增加衬里，保证服装良好的身骨和挺括性。增加衬里一般都是采用热熔黏合的原理，在一定的温度和压力条件下，使衬里与服装的面料黏合。在大批量生产过程中，这种黏合一般采用热熔黏合机完成，而在小批量生产加工中，则是人工完成或用夹烫机械来完成。

上述四个方面的作用不是独立存在的，往往可以同时达到。如在成型和黏合的同时可以起到烫平的作用，另外利用熨烫时的高温还可以完成杀菌的作用。

三、熨烫影响因素

熨烫主要是为了使衣物变得挺括和平整，具有分明的折线，变得十分合身，并具有很好的立体感。服装的熨烫是在不损害服装的使用性能，包括辅助的风格特点和服用性能的前提下进行的，一般来说熨烫质量的好坏与温度、湿度、压力等都有一定的联系。

1. 温度　熨烫是通过借助衣物的热塑性来实现很好的整理和修饰效果的，而衣物的各类纤维具有热塑性，要使衣物的热塑性发生变化，只有在一定的温度条件下才可以实现在。进行衣物的熨烫时，温度越高，对服装的热塑定型的影响就越大，衣物的熨烫定型效果就越好。但是在熨烫的时候也不是温度越高就越好，由于各种衣物材质的差异，不同的衣物都有一定的温度耐受范围及危险温度，超过危险温度，就会对衣物造成损伤。熨烫温度应低于其危险温度（分解温度和熔化点），以免损伤服装的外观及性能。

2. 湿度　衣物在干燥的时候并不会产生多大的变形，只有当衣物的纤维遇到水分之后，吸水伸展或膨胀，才有利于对衣物进行定型。但是，由于衣服的材料不同，不同衣服的吸水性也是不同的，在进行熨烫的时候一定要注意各种衣料对水分的吸收程度，进行合理控制。湿度过大和过小，都不利于熨烫效果的发挥。

一般来说，熨烫可以分为湿烫和干烫两种方式。干烫技术不加水，用熨斗直接进行熨烫。这种熨烫方式主要适用于柞丝绸等遇到水分会析出水印的材料，以及维纶布等遇湿热会发生大幅度收缩的面料，或者是棉布、化纤、丝绸、麻布等薄型衣料。有的时候，一件衣服的熨烫可以同时使用两种不同的熨烫方法，来达到最好的熨烫效果。比如对较为厚重的羊毛衫或者大衣呢料进行熨烫时，为了使衣服的各个部位变得挺括，防止起吊和起壳，就可以先湿烫，再干烫，从而使衣服长久保持平挺。或遇湿热会发生高收缩（维纶布）的服装，以及棉布、化纤、丝绸、麻布等薄型衣料，也可采用此法熨烫。

3. 压力　服装在进行熨烫的时候还要具有一定的压力。服装的分子和纤维纱线之间具有一定的阻力，如果不施用一定的压力，服装的性状就难以得到变化。在进行熨烫的时候，通过加压来控制服装性状的变化，使衣料按照人们的要求进行定型或变化。在进行加压之后，衣物的平整度会发生变化，织物会被压力压扁，厚度较熨烫之前变薄，衣物的对比度和光泽度提高。但是压力的增加也要按照适度的原则，如果给服装的压力过大，就会使衣物出现极光。另外，服装熨烫时压力的大小除了和服装的面料有一定的关系之外，还和服装的熨烫部位、造型等存在直接的联系。在对折裥裙、上浆衣料以及服装的裤线部位进行整烫的时候，就要适当地增加压力；而在对长毛绒、灯芯绒等容易起绒的衣料进行熨烫的时候，就要适当减小压力，防止造成绒毛倒伏等现象。

4. *熨烫时间* 熨烫是一个物理变化过程，服装的定型也不是一下子就可以完成的。织物的导热性一般不好，只有经过一定时间的熨烫才可以使衣物达到一定的成型要求。而衣物定型完成之后，给衣物持续加热，则可以使衣物中吸收的水分不断挥发，使衣物尽快干燥，避免衣物变形。

5. *冷却* 温度、湿度、压力、时间等条件可使衣物出现预期的变形。但定型不能在加热过程中产生，应该在冷却后实现，手工熨烫之后一般要让衣物进行自然冷却。

在熨烫衣物的时候，为了使经过熨烫的衣物满足要求，就要在选定衣物之后合理地调整熨烫温度、湿度以及压力的大小，只有在合适的条件下进行熨烫，才可以保证熨烫的效果。

四、服装熨烫的物理过程

在服装熨烫的具体实践过程中，人们总结出了服装熨烫的主要过程，大体为“给蒸汽（加湿升温）—成型—抽湿（干燥定型）”。

服装熨烫的实现主要是通过服装中纤维的性状变化实现的。通过给蒸汽，使需要熨烫的衣料达到合适的温度和湿度要求，性状发生变化，给服装定型，然后通过继续熨烫，使服装中湿度降低，抽去其中水分，达到定型稳固的目的。这就是服装熨烫分为以上三个步骤的原因。

1. *给蒸汽* 蒸汽是热量和水分的传递媒介，通过它可以快速安全地将热量和水分传递到织物的内部，织物达到一定的水热条件后才会发生变形。在对不同材料的服装给蒸汽的时候，要注意蒸汽量的大小，防止对衣物造成损坏。

2. 成型　在对服装材料加温加湿之后，衣物内部组织就具备了变形的具体条件，这个时候可以根据服装造型的具体效果，配合外部的压力和一定的推动力，塑造出衣服的具体形象。

3. 抽湿　服装成型之后，已经达到了熨烫的效果，但是如何保持固有的性状也是需要重视的问题。如果熨烫之后让衣服自然冷却，衣服就会慢慢恢复熨烫前的样子，这时要迅速地抽取衣服中的水分，进行干燥，使衣服保持在熨烫好之后的样子。这个工序虽然简单，却是保证服装熨烫质量的重要因素，在服装熨烫操作中，要十分注意这一点。

除了原始的手工熨烫，现代科技的发展也为我们创造出了许多自动化的熨烫工具。微程序控制的服装熨烫设备在部分地区已经开始使用。这个程序可以实现对需要熨烫的衣服进行自动控制，根据衣服的原料确定熨烫的具体工艺参数，自动完成整个工艺过程，这样做提高了熨烫的质量，提高了工作效率。

五、熨烫工艺的发展

要正确了解熨烫工艺，必须对其历史和未来的发展有一个很好的认识。在服装工艺的发展过程中，熨烫工艺也随之不断地发生变化，我们一般把这种变化归纳为以下五个方面：

（1）费用　与原有的设备相比，新的熨烫设备重量相对较轻，具有独特的蒸汽装置和真空发生器，不需要像旧式机器设备一样具备较高的库存零部件，安装的时候也不需要设置空气管道和蒸汽管道，安装的费用相对达到了最低。

（2）能耗　旧的熨烫设备都安装有较长的蒸汽和空气管道，在熨烫的时候对蒸汽能量的损耗比较大，而且工作效率较低。新式熨烫设备自身配置有蒸汽发生器，使用的时候直接作用在衣料上，不需要损耗较多的能量，提高了劳动效率。

（3）功能　旧的熨烫设备一般只用于完成一项具体的工作，而新式熨烫设备基本采用标准零部件，只要简单地对烫架进行更换，就可以用同一台设备来完成很多的操作。

（4）操作　过去的熨烫操作设备的设计不够人性化，缺乏人体工程学方面的考虑。工作人员在操作机器的时候，如果时间太长，难免会感到各种不适应，产生健康方面的问题。而新式的熨烫设备一般都有对人体工程学方面的考虑，大大减小了操作的困难程度，保护了劳动者的身体健康，提高了工作效率。

（5）质量　传统的熨烫设备在熨烫的时候只是单纯地提供湿度和热量，没有关于织物性质的考虑，容易导致熨烫后衣物发亮或发焦。而新式的熨烫设备则和物理测试相联系，在进行熨烫的时候可以根据织物的具体情况而设计出最佳的温度和湿度条件，获得最好的熨烫效果。

到目前为止，虽然有的工厂仍然在使用原有的旧式熨烫设备，但是熨烫设备的更新换代是服装行业发展的方向和必然趋势，新的设备更加适应当代高效率、高质量熨烫的发展要求。这些新出现的设备一定会以其高效和高质量的工作而获得人们的青睐。

六、服装熨烫分类

服装熨烫的基本过程可以按照两种方式进行分类。按照熨烫之后是否有服装型的改变可以分为设计性熨烫和恢复性熨烫两种；按照服装熨烫的程序，可以分为整烫和中间熨烫两种。

1. *中间熨烫与整烫*　中间熨烫一般又称为小烫，主要是指在服装缝制过程中对服装部件的熨烫加工，常见的有去折、分缝、成褶、固衬、成型等。中间熨烫有的时候是必须的，因为这可以在一定程度上为下一步的缝制提供方便，节省服装制作时间。而且有的服装对热塑定性具有很高的要求，在服装的缝制过程中必须进行熨烫处理，才可以满足服装成型的具体要求。现在人们对服装的审美水平越来越高，一般的处理早已不能满足人们对服装曲线的要求，必须进行中间熨烫。“归”，是归拢服装材料组织或其组成纤维；“拔”，是拉长服装面料的组织和纤维；“推”，是归的继续，是将归拢后的纤维等进行定位。当然，推、归、拔工艺不是万能的，其作用程度的高低受到特定纤维的组织因素和性能的影响。例如，在对没有热塑造性能的棉、麻、丝织物进行推、归、拔处理时，主要改变的只是服装的疏密结构，对服装的改变范围较小。

整烫是在服装制作完成之后进行的熨烫，可以使服装更加美观。

2. 恢复性熨烫与设计性熨烫　恢复性熨烫与设计性熨烫的概念正好相反，但是在服装制作的过程中，二者却缺一不可。

（1）恢复性熨烫　恢复性熨烫是指为了消除服装在制作和运输的过程中意外造成的形态变化而采取的熨烫，主要目的是恢复织物原有的状态，常见的有对折皱部位的平复。

（2）设计性熨烫　设计性熨烫主要是通过熨烫达到衣服要求的特定形态，如对服装材料进行弯曲、伸长、缩短、曲折、成型等处理。设计性熨烫一般都有特定的工艺计划或造型设计，比恢复性熨烫更复杂。

七、熨烫基础工具

服装熨烫与服装缝制有很大的联系，缝制出来的衣服只有经过熨烫，才会呈现好的外观效果。熨烫能提高衣服的挺括度和立体性。熨烫技艺的好坏，直接影响到服装缝制效果的好坏。要想成为一名优秀的服装缝纫工，就要学好服装的熨烫技巧。服装熨烫一般会使用一些专业的设备，下面我们就开始介绍。

1. 电熨斗　电熨斗是服装熨烫的主要设备。一般的电熨斗都是既可以对温度进行控制，也可以自动喷水的。电熨斗的操作十分简单，实践几次就可以学会，熨烫效果好。

2. 喷水壶　喷水壶主要是熨烫的时候把水喷出的工具，喷出来的水可以呈雾状进行散开，喷洒在需要熨烫的部位，一般在使用不可以自动加水的电熨斗的时候要用喷水壶进行加水，保证熨烫的效果。

3. 烫布　烫布也是一种熨烫专用设备，主要是用洗干净之后的浆水全棉白布做成的。在进行熨烫的时候，烫布要覆盖在需要熨烫的衣物上，起到一定的保护衣料的作用。尤其是在毛呢衣料熨烫的时候使用比较广泛。熨烫时可用干的或湿的，将一层或两层烫布覆盖在衣料上保护衣料。

4. 垫呢　垫呢主要是在一层棉毯或毛毯上包上一层白色的粗布做成的，在熨烫的时候可以把垫呢垫在桌子上。在制作垫呢的

时候，要注意它的薄厚程度，保持合适的程度，防止对熨烫质量产生影响。

一般用一层毛毯或棉毯，上面包一层白粗布，熨烫时垫在桌板上。垫呢厚度要适当，垫厚了，太软，垫薄了，太硬，都会影响熨烫质量。

5. 铁凳　铁凳就是在铁制的凳子面上包裹一层棉花，外部再包裹一层白布，然后扎紧。铁凳主要用于衣物的特殊部位的熨烫，比如熨烫呈弧形或不能放平的部位，在烫肩缝的时候使用比较广泛。

6. 布馒头　布馒头通常是用白布包裹木屑制成的，根据用途不同，具有不同尺寸。它主要用来熨烫衣物的胖势和弯势部位，如熨烫袋位。

7. 长烫凳　长烫凳一般是木料制作的，在凳子上面铺少量的棉花，并且用白布进行包裹。长烫凳的四周比较薄，中间较厚。主要用于裤子的侧袋缝、女裙的折裥等已经缝制呈圆筒形的缝子的熨烫。

8. 弓形烫板　弓形烫板是一种中间拱起呈弓形、两头较低的木质烫板，主要用于一些弧形缝合半成品袖缝的熨烫。

八、熨烫专业设备

在对服装进行熨烫的时候，根据衣物材料的不同或熨烫要求的不同，要采用不同的熨烫设备进行处理，达到最好的效果。现代常用的熨烫设备主要分为以下几类：

1. 熨斗　单从熨烫使用的熨斗进行分类，就可以分为蒸汽熨斗、电熨斗、蒸汽电熨斗及全蒸汽熨斗四类。前两种熨斗都不能自动对布料进行喷雾加湿，在操作的时候一般需要人工喷雾。其中蒸汽熨斗是以热蒸汽为热源的，而电熨斗是以一个电发热元件进行加热。它们一般多用于对局部衣物进行热熔黏合。后两者则不同，虽然它们的热源形式和前两者差不多，但是在熨斗的底板上设置了蒸汽槽的穿孔与水平活门，从而可以用来对蒸汽的出入进行控制，自动进行加湿。为了适用于不同的操作要求，熨斗的质量轻重和底板形状也会有一定的不同。缝制过程中需要熨烫时，使用的熨斗一般质量较轻，底板的形状又窄又尖。而整体熨烫（即大烫）使用的大多是质量重、底板宽而钝的熨斗。针织类服装熨烫的时候，还会使用宽大底盘的专业熨斗。

2. 吸风烫台　专业熨烫的时候除了要用到熨斗，还需要一定的配套设施，主要有熨床、支架、电线等，如果是全蒸汽式熨斗，则还要另外设置必要的蒸汽锅炉管道系统。为了在熨烫成型之后保持衣物较好的形状，在对衣物快速降温的时候还需要用到吸风烫台。

熨斗一般占地面积很小，但是在实际的熨烫过程中，不仅需要单纯地使用蒸汽，还需要熨烫操作者进行一定程度的按压操作。此类熨斗对操作者的熨烫技巧要求很高。如果不是专业人士，往往难以达到理想的熨烫效果。

在实际服装熨烫操作中，把专业熨斗与吸风烫台进行配合使用已经成为大家的共识。这种搭配设置已经十分普遍，这也在一定程度上提高了熨烫的专业质量。

3. 压烫机械　压烫主要是通过机械的上烫模和下烫模的相互配合而完成的熨烫，主要分为模熨与夹熨两大类。

（1）模熨　在对衣物进行熨烫的时候，首先用上下两个烫模夹紧衣物，然后喷出高温蒸汽，达到布料的加工程度后进行定型。定型完成之后再利用真空泵的吸引力吸出湿气，使布料迅速冷却。一般来说，这种熨烫方式主要用于领子、袖子、胸罩、帽子等的成型加工。

模熨机械的使用十分广泛，在大型服装厂中尤为普遍。在进行西服熨烫的过程中使用的服装压烫流水线就是不同类型的模熨机械的组合。在机械设计中，上下两个烫模是最主要的工作部件。在服装的熨烫过程中，这两个部件需要合理地进行配合，才能达到很好的熨烫效果。而且模熨机的上下烫模是针对服装各部位的造型特点而设计的，合理使用这种机械对于提高服装的熨烫效果具有十分重要的作用。但是这种机械一般为大型机械，能耗高，占地大，专门性强，适合用于大企业的大批量生产。

（2）夹熨　夹熨机械与模熨机械不同，它一般为小型机械，十分适合用于小型企业的生产，另外，干洗行业也会用到。夹熨机械在工作的时候一般是把成品服装或布料平放在特定的平面上，然后利用其他平面对其施加压力，达到热定型的目的。它和模熨机械的构造基本相同，但是它的上下两个烫模大多是平面，或者有一定程度的凹凸。这种机械多是单机，适用范围更加广泛。

(3) 人像蒸汽熨烫　人像蒸汽熨烫又可以称为整体熨烫或立体整烫，它在熨烫的时候是通过一种可以进行大小调节的可膨胀的人像袋实现对服装面料的加温和加湿操作，进而定型的。

在使用人像蒸汽熨烫的时候，首先要把衣物放置在熨烫机上，然后用蒸汽进行吹熨，然后进行抽湿空气定型，最后取下熨烫好的衣物。

人像熨烫作为一种整体熨烫方式，使用范围十分广泛。在进行绒类织物熨烫的时候，可以防止衣物的倒绒毛现象的发生。用于轻薄的真丝和人造丝织物熨烫的时候，可以使衣物更加柔软。另外，由于是整件进行熨烫，这种方法用于熨烫大衣、外套等时效果都很好。和模熨等熨烫方式相比，人像熨烫的主要优越之处在于它对衣物整体形状的塑造要更好，而且这种机械操作十分简单，人们只需要把衣服挂好或拿走，其他的都可以由机械自动完成，费时为几十秒。

4. 压褶机　压褶是在一定的环境温度和湿度的情况下，根据服装生产的具体要求，利用一定的压力因素把布料压成要求的褶皱形状的过程。一般过去都是手工压褶，现在有的也使用夹熨机或熨斗压褶，压褶机就是一种专门用于压褶的机械。尤其是在形成一些较为复杂和精细褶的过程中，使用专用压褶机可提高质量，提高生产效率，并可大大降低成本。

压褶机一般由褶模、发热部件、推褶机构、控制系统、冷却定型系统等构成。这种机械都是采用电脑进行控制，可以压出花纹美观、造型复杂的褶，和手工作业相比，大大提高了作业的效率。但是这种机械的能耗较大，一般小批量生产都是用其他机械代替。

5. 热熔黏合机　常见的热熔黏合机可以分为传输带式黏合机与滚筒式黏合机两种类型，主要是专门用来对衬布压烫加工的机械。热熔黏合机的主要工作参数包括时间与压力、温度、工艺参数等，在对衬布进行粘烫的时候一般都要考虑这几种因素。

6. 衬衫熨烫机　衬衫穿着美观，但是熨烫十分麻烦，在专业熨烫的时候，可以采用多种机械进行熨烫，常见的有衬衫熨袖机、衬衫熨领机、衬衫立体整烫机等，在使用的时候可以根据需要熨烫的具体部位进行选择。在整体衬衫熨烫的时候，一般可以分为套衣、选择、脱衣三个环节，操作十分简单，熨烫效果很好。

7. 去皱挂烫机　去皱挂烫机是一种小型的轻便熨烫设备，一般适合在家庭和商场等场所使用。用它可以方便地去除服装在储存和运输的过程中造成的轻微褶皱，使衣服更加美观，立体造型更好。

当然，随着服装机械的不断发展，服装熨烫工具也在不断发展完善，在不远的将来，一定会有工作效率更高、作业质量更好的熨烫设备出现。

九、熨烫的基本要领

1. 正确掌握熨烫温度　在熨烫之前，首先要了解衣料织物的耐热度，其次是了解熨斗在原位允许停留的最长时间。熨烫一些新颖的衣料织物可用边角料先试烫一下，然后再熨烫。

2. 熨烫的基本操作方法

①选择合适的方式进行熨烫。

②尽可能在衣料反面进行熨烫。

③先在桌面上铺上垫呢，然后再进行熨烫操作。

④熨烫时烫斗应沿衣料的经向不停地移动，防止将衣物烫坏。

第二节 基本熨烫技法

一、衣料熨烫方法

1. 平烫分缝　在熨烫分缝时，可以用不握熨斗的一只手一边把缝头分开，一边后退，熨斗向前烫平，保证分缝不伸、不缩、平挺。

2. 拔烫分缝　在熨烫分缝时，不握熨斗的一只手拉住缝头，手握熨斗用力往返烫，使分缝伸长而不起吊。这种方法主要用于熨烫衣服拔开的部位，如袖底、裤子下裆缝等部位。

3. 归烫分缝　熨烫分缝的时候，不握熨斗的一只手按住熨斗前方的衣缝略向熨斗推送，熨斗前进时稍稍提起熨斗的前部，使劲压烫，防止衣缝拉宽、斜丝伸长。

归烫分缝主要用于熨烫衣服斜丝和归拢部位，如喇叭裙拼缝、袖背缝等部位。

4. 起烫　衣料表面出现水花、亮光、烙印或绒毛倒伏时，要以起烫的方式进行熨烫。

①首先在衣料上盖一块较湿的布。

②再用熨斗轻轻熨烫。熨烫的时候要注意不要用大力，要让水蒸气充分渗入衣料，并反复擦动，使织物纤维恢复原状，达到除去水光、亮光、烙印和绒毛倒伏现象的作用。

5. 烫扣缝

(1) 直扣缝　用左手把需要扣烫的衣缝边折转，一边后退，一边熨斗尖跟着折转的缝头向前移动，然后将熨斗底部稍用力来回熨烫。这种方法主要用于烫裤腰、贴边、夹里摆缝等需要折转定型的部位。

(2) 弧形扣缝　用左手手指按住缝头，用熨斗尖先在折转缝头处熨烫，再用熨斗右侧压住贴边上口，使上口弧形归缩。这种方法主要用于烫衣、裙下摆。

(3) 圆形扣缝　熨烫之前要先用缝纫机在圆形周围用长针脚车缉一道，也可以用缝针针法缝一道，然后把线抽紧，使圆角处收拢，缝头便会自然折转。

扣烫时先把直丝烫煞，再扣烫圆角。用熨斗尖的侧面，把圆角处的缝头逐渐往里归拢，熨烫平服。圆形扣缝主要用于圆角贴袋熨烫。

6. 平烫　平烫时熨斗应沿着衣料的经向，即直丝缕方向，不停地进行移动，用力要均匀，移动要有规律，避免衣料拉长或归拢。

7. 归、拔、推熨烫　归、拔、推是对织物热塑变型的熨烫工艺。

(1) 归烫　归烫前喷上适量的水，一手握住熨斗，一手推进衣片归拢的部位，使熨斗由里向外做弧形运动，这时衣片的归量渐增，从而形成表面呈纵向的凸形。

（2）拔烫　拔烫前喷上适量的水。一手握住熨斗，一手拉住衣片拔开的部位，使熨斗由外逐步向里做弧形运动，这时衣片的拔量渐减，从而形成表面呈纵向的凹形。

（3）推烫　推烫前喷上适量的水。将衣片归烫后的胖势推向中间所需部位，这是归的继续。如西服前片推烫应将各方向归烫出现的松势都推向前胸中心部位，形成凸起的胸部，把西裤后片臀部周围归烫的松势都推向臀部等。

二、黏合衬熨烫工艺

在原来的服装缝制过程中，一般使用麻料、毛料、棉料等作为服装的衬料，这些衬料都具有各自的特点，但是也有一些缺陷。在服装材料发展的过程中，黏合衬作为一种新的衬料，改变了传统的服装制作观念，展示出了其优越性。

1. 黏合衬的选用　一般来说，黏合衬面料可以分为织造黏合衬和非织造黏合衬两种类型，织造黏合衬又称为有纺衬，非织造黏合衬又称为无纺衬。这两种黏合衬都是在基布上通过均匀地涂抹热熔树脂而制成的。在进行服装黏合衬的选用时，可以根据以下原则进行挑选。

①与面料的色泽相配。

②与面料的耐热性能相应。

③与面料缩水率相近。

④与面料风格、手感相符。

⑤与面料的厚薄相宜。

2. 黏合衬三要素

（1）黏合温度　只有正确掌握黏合的温度，才能取得最佳的黏合效果。

（2）黏合压力　正确的压力可以使面料与黏合衬之间有紧密的接触，使热熔树脂胶能够均匀地渗入面料纤维中，达到最佳的黏合效果。

（3）黏合时间　只有掌握合适的黏合时间，才能取得最佳的黏合效果。

3. 黏合衬熨烫的要领

①黏合衬的尺寸应比要黏合衣片的四周大。

②黏合前，一定要放正衣片位置。

③手工黏合时宜选用蒸汽熨斗。

第三节 熨烫技巧和补救措施

一、熨烫技巧

（一）毛衣皱褶抚平技法

一般来说，针织衣物和毛衣等容易褶皱变形的衣物，不可以用熨斗重重地压着熨，避免对衣物的组织弹性产生破坏。如果不是褶皱得十分厉害，一般不适用直接熨烫的办法。而是用蒸汽熨斗在褶皱的地方喷水，或者在喷水之后直接挂起，衣物干燥之后就可以自然变得平顺。另外，在洗澡的时候，也可以把这类衣物挂在洗澡间内，在洗澡的时候室内散发的蒸汽可以使衣物变得平顺。这类衣物即使是在熨烫的时候也要轻轻地熨烫，不要用力。

（二）天鹅绒熨烫技巧

天鹅绒是一种长毛布料，在熨烫的时候要注意防止对材料性状的伤害。可以把天鹅绒的里面翻出来，把长毛进行相互重叠，当作垫板使用，然后再用熨斗在绒料的内侧进行熨烫，保持材料的原有性质。

（三）毛绒类棉质服装熨烫技巧

毛绒类棉质服装的主要材料一般是平绒或灯芯绒等，在进行熨烫的时候，要十分注意对服装面料的保护。熨烫之前要准备好湿布，保证湿布的含水量在80%～90%，然后把它覆盖在衣物的正面，然后控制熨斗的温度在200～230℃，在湿布上进行熨烫，当湿布的含水量降低到10%～20%的时候，揭去湿布，用毛刷把绒毛刷顺。然后调低熨斗的温度到185～200℃，在衣料的反面进行熨烫，直到衣料变干为止。在对这类衣料进行熨烫的时候，要注意使用的力度和熨斗的运行方向，防止出现亮光。

（四）羽绒服装除褶技巧

羽绒服穿过之后会出现不同程度的褶皱，但是这种褶皱一般不适合用电熨斗进行熨烫，可以用一只大号的搪瓷茶缸，在缸子里盛满开水，然后垫上一块湿布再熨烫，这样做可以避免羽绒服的表面出现难看的光痕，而且不会对面料造成损害。

（五）毛料衣物压痕熨烫技巧

毛料衣物穿过之后就会造成纯毛料的倾倒，产生压痕，一般情况下很难恢复。但是较热的蒸汽可以使衣物复原。可以把蒸汽熨斗悬挂在距离毛料衣物大约1厘米的地方，过一会儿之后，毛料衣物吸足了热的蒸汽，就会自己立起来。在除去衣物的压痕之后，如果想要更美观，可以用中温熨斗，垫上衬布进行熨烫。

(六) 皮革服装熨烫技巧

皮革衣物很容易起皱，但是熨烫的时候却十分不容易。这种材料不耐高温，一般要控制熨斗的温度不超过80℃。熨烫的时候要用干净的衬布进行铺垫，这主要是为了防止熨斗直接接触到皮革面料。在熨烫的时候，为了防止衣物温度过高，还要不停地来回移动熨斗，防止局部长时间受热。

(七) 绒面皮服装熨烫技巧

对绒面皮服装进行清洗之后，服装都会产生一定程度的变形，这时就要对这种衣服进行熨烫。另外，这种衣服在清洗之后经常容易出现皱缩现象，这时要先用质地较为硬的毛刷刷，待衣服变软之后再熨烫。

(八) 变形裤熨烫技巧

裤子穿了很长时间之后，膝盖的部位经常会被顶起一个大大的鼓包，这种裤子的熨烫最好用电蒸汽熨斗进行。熨烫的时候要先对裤子的后半部分进行熨烫，用手把裤子的后半部分拉直，使褶皱部位伸开后再进行熨烫，直到熨至裤子的后半部位恢复正常，然后可以熨烫裤子的前半部分。因为裤子的前半部分已经鼓起了包，如果拉直裤子，必然会使裤子发生褶皱。这个时候就要注意熨烫的方法了。先从裤子的上部和下部开始熨烫，把熨斗轻轻地放在裤子上，然后在热蒸汽进行传导的时候促进裤子起包的部位进行自然回缩，然后用同样的方法在膝盖部位进行熨烫，直到大包变成小包，小包逐渐消失。当膝盖部位恢复正常之后，可以把裤子重新熨烫一次。

（九）百褶裙熨烫技巧

百褶裙的熨烫一般十分麻烦，在熨烫的时候要把裙子套在熨台上，并且保持熨台一边略微倾斜。进行熨烫的时候要先对裙头进行熨烫，固定好褶痕的位置后，再逐一熨烫摺痕。最后对裙子的底部进行固定。这样就可以防止把裙子熨烫到另一边，烫出来的衣物也就更加美观。

（十）西装熨烫技巧

西装裤在熨烫的时候一般也要垫一块干净的布再进行熨烫。翻转裤子，把裤子的裤带熨烫平直，然后正面放回，从裤管表面的内侧向外侧熨烫，最后熨烫裤管的底面。

冬季穿西装的时候，经常会发现西装的膝盖部、臀部和肘部等出现了发光现象，十分不美观。可以先用毛巾蘸取加入洗涤灵的温水进行擦拭，然后再垫上布料进行熨烫。

（十一）衬衫熨烫技巧

熨烫衬衫的时候，一定要按照一定的顺序进行熨烫，才能达到很好的熨烫效果。一般是从袖子开始，依次是领子、垫肩、背后、前襟。在熨烫的时候，要先用少量的水把衣服喷湿，用手捋一捋衣服有缝线的部位，然后保证衣服扯平伸开之后再进行熨烫，这样可以使衣服长时间保持很好的线条性。

（十二）羊绒制品熨烫技巧

羊绒制品的熨烫要在晾干之后进行，一般保持熨斗在 140℃ 左右，在熨烫的时候也不要把熨斗压在衣物的上面，而是要保持 0.5~1 厘米的距离。

（十三）合成纤维制品熨烫技巧

合成纤维制品一般包括化纤衣物、尼龙衣物、涤纶织物等。化纤衣物吸湿度普遍较差，而且不同化纤制品对温度的耐受范围不同。在进行化纤衣物的熨烫时，要十分注意对熨烫的温度进行控制，防止烫焦。其基本熨烫方法和棉丝毛织物的熨烫相同。尼龙织物一般具有很好的弹性，但是对高温的耐受程度有限，所以在熨烫的时候一定要用一个干的布料作为垫布，不要直接熨烫。涤纶制品具有很好的耐磨度，又不容易起皱，所以一般洗净晾干即可，不需要进行熨烫。化纤衣物品种多样，而且都不耐高温，在熨烫之前可以先在衣物内部不明显的部位进行试烫，防止烫焦。

棉麻织物在进行熨烫的时候一般要先熨烫衣料的里面，而且要使用较多的蒸汽进行熨烫。如果要从正面进行熨烫，一般要先垫一块干净的布再进行熨烫。尤其是带有鲜明颜色的织物在进行熨烫的时候一定要先熨烫里面，而且要做好熨斗温度的控制工作，防止熨烫的温度过高导致衣服出现泛色或者反光现象。如果是麻织品和棉麻混纺衣物需要熨烫的时候，一定要用低温进行熨烫，而且要从里面开始熨烫，防止对衣物造成损伤。

丝绸衣物穿着十分美观，但是熨烫的难度很大。在洗涤之后一般的丝绸衣物都会出现不同程度的皱缩现象，影响再次穿着，所以洗涤之后一般需要进行熨烫。熨烫的时候一定要控制好熨斗的温度，一般保持在110～120℃最佳。尤其是对颜色鲜艳或者混纺的丝绸衣物进行熨烫的时候就更要注意控制温度，可以在110℃的标准下适度降低，避免出现衣物熨烫后的收缩、泛色、变形现象。而且丝绸的质地一般较为柔软，在对这类衣物进行熨烫的时候一定要注意熨烫手法的控制，不要长时间在一个部位进行熨烫，而且不要用太大的力气进行按压，丝绸面料的表面要垫上一层干净的衬布，防止熨斗与面料的直接接触。

（十四）领带熨烫技巧

高级领带的面料大多是丝绸，里衬布料是细麻衬或细布衬，在进行熨烫的时候一定要考虑领带的面料因素，温度要低，速度要快，并且要用干净的布料进行垫衬。

（十五）唐装熨烫技巧

唐装在熨烫的时候一般要保持合适的温度范围，一般控制在

30~40℃就可以了，而且在熨烫的时候一定要用电蒸汽熨斗进行熨烫。

二、熨烫补救措施

1. 曝晒去除熨焦法　熨烫衣服的时候不小心熨焦了，这时可以用其他东西遮盖住衣服没有熨焦的地方，然后在焦黄的部位喷水，放在阳光下进行曝晒，重复上述操作，直到衣服各个部位的颜色相近为止。

2. 砂糖去除熨迹技法　熨烫之后在衣物上留下了熨烫的痕迹，要清除也很简单。先把衣物用水浸透，然后晾到半干的时候，把熨斗接上电源后朝天放置，熨斗上放几粒砂糖，在发现糖熔化之后切断电源，用干片轻轻地擦拭一下电熨斗，然后趁热放在熨痕的部位进行熨烫，几次之后，熨烫的痕迹就会消除。

3. 细盐去除熨焦法　棉织物容易起皱，熨烫之后又十分容易变黄。熨烫发黄之后可以立刻在发黄的部位撒上一些细碎的盐，用手揉搓使它化开，然后用牙刷蘸取适量的水进行刷洗，最后放在太阳底下进行曝晒。经过处理之后，把衣物用清水洗干，焦黄痕迹一般都会消失或者变轻。

4. 砂纸去除熨焦法　熨烫的时候不小心把厚呢料服装熨黄，可以用细砂纸轻轻地摩擦，再用牙刷进行刷洗，直到刷出新的绒毛。这个时候可以垫上湿布，沿着相反的方向进行熨烫，此法一般可以除去熨烫的焦黄痕迹。

5. 苏打粉去除熨焦法 丝绸熨烫的时候发黄，可以立刻用少量的苏打粉加入水中调成糊状，然后用牙刷蘸取刷拭，最后再垫上干净的衬布进行再次熨烫。